U0933435

全国科学技术名词审定委员会

公　布

化　工　名　词

CHINESE TERMS IN CHEMICAL INDUSTRY AND ENGINEERING

（一）

2017

石油炼制・煤制油及天然气・生物质制油

化工名词审定委员会

国家自然科学基金资助项目

科　学　出　版　社
北　京

内 容 简 介

本书是全国科学技术名词审定委员会审定公布的化工名词（石油炼制·煤制油及天然气·生物质制油），内容包括总论、石油炼制、煤制油及天然气、生物质制油4部分，共1784条。本书对每条词都给出了定义或注释。本书公布的名词是全国各科研、教学、生产、经营以及新闻出版等部门应遵照使用的化工规范名词。

图书在版编目（CIP）数据

化工名词. 一，石油炼制·煤制油及天然气·生物质制油/化工名词审定委员会编. —北京：科学出版社，2017.9

ISBN 978-7-03-054644-9

Ⅰ.①化… Ⅱ.①化… Ⅲ.①化学工业-名词术语 Ⅳ.①TQ-61

中国版本图书馆 CIP 数据核字（2017）第237035号

责任编辑：才 磊 顾英利/责任校对：何艳萍

责任印制：张 伟/封面设计：槐寿明

科学出版社出版

北京东黄城根北街16号

邮政编码：100717

http://www.sciencep.com

北京虎彩文化传播有限公司印刷

科学出版社发行 各地新华书店经销

*

2017年9月第 一 版 开本：787×1 092 1/16

2018年1月第二次印刷 印张：11 1/4

字数：265 000

定价：128.00 元

（如有印装质量问题，我社负责调换）

全国科学技术名词审定委员会
第七届委员会委员名单

化工名词审定委员会委员名单

特邀顾问：闵恩泽

顾　　问（以姓名笔画为序）：

毛炳权　包信和　关兴亚　孙优贤　严纯华　李大东　李俊贤
杨启业　汪燮卿　陆婉珍　周光耀　郑绵平　胡永康　段　雪
钱旭红　徐承恩　蒋士成　舒兴田

主　　任：李勇武

副 主 任：李新华　戴厚良　李静海　蔺爱国　王基铭　曹湘洪　金　涌
袁晴棠　陈丙珍　谭天伟　高金吉　孙宝国

常务副主任：杨元一

委　　员（以姓名笔画为序）：

王子宗　王子康　王普勋　亢万忠　邢新会　曲景平　乔金樑
伍振毅　刘良炎　孙丽丽　孙伯庆　寿比南　苏海佳　李　中
李　彬　李寿生　李希宏　李国清　杨友麒　杨为民　肖世猛
吴　青　吴长江　吴秀章　何小荣　何盛宝　初　鹏　张　勇
张亚丁　张志檩　张积耀　张德义　陆小华　范小森　周伟斌
郑长波　郑书忠　赵　寰　赵劲松　胡云光　胡迁林　俞树荣
洪定一　骆广生　顾松园　顾宗勤　钱　宇　徐　惠　徐大刚
凌逸群　高金森　常振勇　梁　斌　程光旭　谢在库　潘正安
潘家桢　戴国庆　戴宝华

秘 书 长：洪定一

副秘书长：潘正安　胡迁林　王子康　戴国庆

秘　　书：王　燕

石油炼制·煤制油及天然气·生物质制油
名词审定分委员会委员名单

石油炼制·煤制油及天然气·生物质制油
名词编审组专家名单

路甬祥序

我国是一个人口众多、历史悠久的文明古国，自古以来就十分重视语言文字的统一，主张“书同文、车同轨”，把语言文字的统一作为民族团结、国家统一和强盛的重要基础和象征。我国古代科学技术十分发达，以四大发明为代表的古代文明，曾使我国居于世界之巅，成为世界科技发展史上的光辉篇章。而伴随科学技术产生、传播的科技名词，从古代起就已成为中华文化的重要组成部分，在促进国家科技进步、社会发展和维护国家统一方面发挥着重要作用。

我国的科技名词规范统一活动有着十分悠久的历史。古代科学著作记载的大量科技名词术语，标志着我国古代科技之发达及科技名词之活跃与丰富。然而，建立正式的名词审定组织机构则是在清朝末年。1909 年，我国成立了科学名词编订馆，专门从事科学名词的审定、规范工作。到了新中国成立之后，由于国家的高度重视，这项工作得以更加系统地、大规模地开展。1950 年政务院设立的学术名词统一工作委员会，以及 1985 年国务院批准成立的全国自然科学名词审定委员会（现更名为全国科学技术名词审定委员会，简称全国科技名词委），都是政府授权代表国家审定和公布规范科技名词的权威性机构和专业队伍。他们肩负着国家和民族赋予的光荣使命，秉承着振兴中华的神圣职责，为科技名词规范统一事业默默耕耘，为我国科学技术的发展做出了基础性的贡献。

规范和统一科技名词，不仅在消除社会上的名词混乱现象，保障民族语言的纯洁与健康发展等方面极为重要，而且在保障和促进科技进步，支撑学科发展方面也具有重要意义。一个学科的名词术语的准确定名及推广，对这个学科的建立与发展极为重要。任何一门科学（或学科），都必须有自己的一套系统完善的名词来支撑，否则这门学科就立不起来，就不能成为独立的学科。郭沫若先生曾将科技名词的规范与统一称为“乃是一个独立自主国家在学术工作上所必须具备的条件，也是实现学术中国化的最起码的条件”，精辟地指出了这项基础性、支撑性工作的本质。

在长期的社会实践中，人们认识到科技名词的规范和统一工作对于一个国家的科技发展和文化传承非常重要，是实现科技现代化的一项支撑性的系统工程。没有这样一个系统的规范化的支撑条件，不仅现代科技的协调发展将遇到极大困难，而且在科技日益渗透人们生活各方面、各环节的今天，还将给教育、传播、交流、经贸等多方面带来困难和损害。

全国科技名词委自成立以来，已走过近20年的历程，前两任主任钱三强院士和卢嘉锡院士为我国的科技名词统一事业倾注了大量的心血和精力，在他们的正确领导和广大专家的共同努力下，取得了卓著的成就。2002年，我接任此工作，时逢国家科技、经济飞速发展之际，因而倍感责任的重大；及至今日，全国科技名词委已组建了60个学科名词审定分委员会，公布了50多个学科的63种科技名词，在自然科学、工程技术与社会科学方面均取得了协调发展，科技名词蔚成体系。而且，海峡两岸科技名词对照统一工作也取得了可喜的成绩。对此，我实感欣慰。这些成就无不凝聚着专家学者们的心血与汗水，无不闪烁着专家学者们的集体智慧。历史将会永远铭刻着广大专家学者孜孜以求、精益求精的艰辛劳作和为祖国科技发展做出的奠基性贡献。宋健院士曾在1990年全国科技名词委的大会上说过："历史将表明，这个委员会的工作将对中华民族的进步起到奠基性的推动作用。"这个预见性的评价是毫不为过的。

科技名词的规范和统一工作不仅仅是科技发展的基础，也是现代社会信息交流、教育和科学普及的基础，因此，它是一项具有广泛社会意义的建设工作。当今，我国的科学技术已取得突飞猛进的发展，许多学科领域已接近或达到国际前沿水平。与此同时，自然科学、工程技术与社会科学之间交叉融合的趋势越来越显著，科学技术迅速普及到了社会各个层面，科学技术同社会进步、经济发展已紧密地融为一体，并带动着各项事业的发展。所以，不仅科学技术发展本身产生的许多新概念、新名词需要规范和统一，而且由于科学技术的社会化，社会各领域也需要科技名词有一个更好的规范。另一方面，随着香港、澳门的回归，海峡两岸科技、文化、经贸交流不断扩大，祖国实现完全统一更加迫近，两岸科技名词对照统一任务也十分迫切。因而，我们的名词工作不仅对科技发展具有重要的价值和意义，而且在经济发展、社会进步、政治稳定、民族团结、国家统一和繁荣等方面都具有不可替代的特殊价值和意义。

最近，中央提出树立和落实科学发展观，这对科技名词工作提出了更高的要求。我们要按照科学发展观的要求，求真务实，开拓创新。科学发展观的本质与核心是以人为本，我们要建设一支优秀的名词工作队伍，既要保持和发扬老一辈科技名词工作者的优良传统，坚持真理、实事求是、甘于寂寞、淡泊名利，又要根据新形势的要求，面向未来、协调发展、与时俱进、锐意创新。此外，我们要充分利用网络等现代科技手段，使规范科技名词得到更好的传播和应用，为迅速提高全民文化素质做出更大贡献。科学发展观的基本要求是坚持以人为本，全面、协调、可持续发展，因此，科技名词工作既要紧密围绕当前国民经济建设形势，着重开展好科技领域的学科名词审定工作，同时又要在强调经济社会以及人与自然协调发展的思想指导下，开展好社会科学、文化教育和资源、生态、环境领域的科学名词审定工作，促进各个学科领域的相互融合和共同繁荣。科学发展观非常注重可持续发展的理念，因此，我们在不断丰富和发展已建立的科技名词体系的同时，还要进一步研究具有中国特色的术语学理论，以创建中国的术语学派。研究和建立中国特色的术语学理论，也是一种知识创新，是实现科技名词工作可持续发展的必由之路，我们应当为此付出更大的努力。

当前国际社会已处于以知识经济为走向的全球经济时代，科学技术发展的步伐将会越来越快。我国已加入世贸组织，我国的经济也正在迅速融入世界经济主流，因而国内外科技、文化、经贸的交流将越来越广泛和深入。可以预言，21 世纪中国的经济和中国的语言文字都将对国际社会产生空前的影响。因此，在今后 10 到 20 年之间，科技名词工作就变得更具现实意义，也更加迫切。“路漫漫其修远兮，吾今上下而求索”，我们应当在今后的工作中，进一步解放思想，务实创新、不断前进。不仅要及时地总结这些年来取得的工作经验，更要从本质上认识这项工作的内在规律，不断地开创科技名词统一工作新局面，做出我们这代人应当做出的历史性贡献。

2004 年深秋

卢嘉锡序

科技名词伴随科学技术而生，犹如人之诞生其名也随之产生一样。科技名词反映着科学研究的成果，带有时代的信息，铭刻着文化观念，是人类科学知识在语言中的结晶。作为科技交流和知识传播的载体，科技名词在科技发展和社会进步中起着重要作用。

在长期的社会实践中，人们认识到科技名词的统一和规范化是一个国家和民族发展科学技术的重要的基础性工作，是实现科技现代化的一项支撑性的系统工程。没有这样一个系统的规范化的支撑条件，科学技术的协调发展将遇到极大的困难。试想，假如在天文学领域没有关于各类天体的统一命名，那么，人们在浩瀚的宇宙当中，看到的只能是无序的混乱，很难找到科学的规律。如是，天文学就很难发展。其他学科也是这样。

古往今来，名词工作一直受到人们的重视。严济慈先生60多年前说过，“凡百工作，首重定名；每举其名，即知其事”。这句话反映了我国学术界长期以来对名词统一工作的认识和做法。古代的孔子曾说“名不正则言不顺”，指出了名实相副的必要性。荀子也曾说“名有固善，径易而不拂，谓之善名”，意为名有完善之名，平易好懂而不被人误解之名，可以说是好名。他的“正名篇”即是专门论述名词术语命名问题的。近代的严复则有“一名之立，旬月踟躇”之说。可见在这些有学问的人眼里，“定名”不是一件随便的事情。任何一门科学都包含很多事实、思想和专业名词，科学思想是由科学事实和专业名词构成的。如果表达科学思想的专业名词不正确，那么科学事实也就难以令人相信了。

科技名词的统一和规范化标志着一个国家科技发展的水平。我国历来重视名词的统一与规范工作。从清朝末年的科学名词编订馆，到1932年成立的国立编译馆，以及新中国成立之初的学术名词统一工作委员会，直至1985年成立的全国自然科学名词审定委员会（现已改名为全国科学技术名词审定委员会，简称全国名词委），其使命和职责都是相同的，都是审定和公布规范名词的权威性机构。现在，参与全国名词委领导工作的单位有中国科学院、科学技术部、教育部、中国科学技术协会、国家自然科学基金委员会、新闻出版署、国家质量技术监督局、国家广播电影电视总局、国家知识产权局和国家语言文字工作委员会，这些部委各自选派了有关领导干部担任全国名词委的领导，有力地推动科技名词的统一和推广应用工作。

全国名词委成立以后，我国的科技名词统一工作进入了一个新的阶段。在第一任主任委员钱三强同志的组织带领下，经过广大专家的艰苦努力，名词规范和统一工作取得了显著的成绩。1992 年三强同志不幸谢世。我接任后，继续推动和开展这项工作。在国家和有关部门的支持及广大专家学者的努力下，全国名词委 15 年来按学科共组建了 50 多个学科的名词审定分委员会，有 1800 多位专家、学者参加名词审定工作，还有更多的专家、学者参加书面审查和座谈讨论等，形成的科技名词工作队伍规模之大、水平层次之高前所未有。15 年间共审定公布了包括理、工、农、医及交叉学科等各学科领域的名词共计 50 多种。而且，对名词加注定义的工作经试点后业已逐渐展开。另外，遵照术语学理论，根据汉语汉字特点，结合科技名词审定工作实践，全国名词委制定并逐步完善了一套名词审定工作的原则与方法。可以说，在 20 世纪的最后 15 年中，我国基本上建立起了比较完整的科技名词体系，为我国科技名词的规范和统一奠定了良好的基础，对我国科研、教学和学术交流起到了很好的作用。

在科技名词审定工作中，全国名词委密切结合科技发展和国民经济建设的需要，及时调整工作方针和任务，拓展新的学科领域开展名词审定工作，以更好地为社会服务、为国民经济建设服务。近些年来，又对科技新词的定名和海峡两岸科技名词对照统一工作给予了特别的重视。科技新词的审定和发布试用工作已取得了初步成效，显示了名词统一工作的活力，跟上了科技发展的步伐，起到了引导社会的作用。两岸科技名词对照统一工作是一项有利于祖国统一大业的基础性工作。全国名词委作为我国专门从事科技名词统一的机构，始终把此项工作视为自己责无旁贷的历史性任务。通过这些年的积极努力，我们已经取得了可喜的成绩。做好这项工作，必将对弘扬民族文化，促进两岸科教、文化、经贸的交流与发展做出历史性的贡献。

科技名词浩如烟海，门类繁多，规范和统一科技名词是一项相当繁重而复杂的长期工作。在科技名词审定工作中既要注意同国际上的名词命名原则与方法相衔接，又要依据和发挥博大精深的汉语文化，按照科技的概念和内涵，创造和规范出符合科技规律和汉语文字结构特点的科技名词。因而，这又是一项艰苦细致的工作。广大专家学者字斟句酌，精益求精，以高度的社会责任感和敬业精神投身于这项事业。可以说，全国名词委公布的名词是广大专家学者心血的结晶。这里，我代表全国名词委，向所有参与这项工作的专家学者们致以崇高的敬意和衷心的感谢！

审定和统一科技名词是为了推广应用。要使全国名词委众多专家多年的劳动成果——规范名词，成为社会各界及每位公民自觉遵守的规范，需要全社会的理解和支持。国务院和4个有关部委［国家科委（今科学技术部）、中国科学院、国家教委（今教育部）和新闻出版署］已分别于1987年和1990年行文全国，要求全国各科研、教学、生产、经营以及新闻出版等单位遵照使用全国名词委审定公布的名词。希望社会各界自觉认真地执行，共同做好这项对于科技发展、社会进步和国家统一极为重要的基础工作，为振兴中华而努力。

值此全国名词委成立15周年、科技名词书改装之际，写了以上这些话。是为序。

卢嘉锡

2000年夏

钱三强序

科技名词术语是科学概念的语言符号。人类在推动科学技术向前发展的历史长河中,同时产生和发展了各种科技名词术语,作为思想和认识交流的工具,进而推动科学技术的发展。

我国是一个历史悠久的文明古国,在科技史上谱写过光辉篇章。中国科技名词术语,以汉语为主导,经过了几千年的演化和发展,在语言形式和结构上体现了我国语言文字的特点和规律,简明扼要,蓄意深切。我国古代的科学著作,如已被译为英、德、法、俄、日等文字的《本草纲目》、《天工开物》等,包含大量科技名词术语。从元、明以后,开始翻译西方科技著作,创译了大批科技名词术语,为传播科学知识,发展我国的科学技术起到了积极作用。

统一科技名词术语是一个国家发展科学技术所必须具备的基础条件之一。世界经济发达国家都十分关心和重视科技名词术语的统一。我国早在1909年就成立了科学名词编订馆,后又于1919年中国科学社成立了科学名词审定委员会,1928年大学院成立了译名统一委员会。1932年成立了国立编译馆,在当时教育部主持下先后拟订和审查了各学科的名词草案。

新中国成立后,国家决定在政务院文化教育委员会下,设立学术名词统一工作委员会,郭沫若任主任委员。委员会分设自然科学、社会科学、医药卫生、艺术科学和时事名词五大组,聘任了各专业著名科学家、专家,审定和出版了一批科学名词,为新中国成立后的科学技术的交流和发展起到了重要作用。后来,由于历史的原因,这一重要工作陷于停顿。

当今,世界科学技术迅速发展,新学科、新概念、新理论、新方法不断涌现,相应地出现了大批新的科技名词术语。统一科技名词术语,对科学知识的传播,新学科的开拓,新理论的建立,国内外科技交流,学科和行业之间的沟通,科技成果的推广、应用和生产技术的发展,科技图书文献的编纂、出版和检索,科技情报的传递等方面,都是不可缺少的。特别是计算机技术的推广使用,对统一科技名词术语提出了更紧迫的要求。

为适应这种新形势的需要,经国务院批准,1985年4月正式成立了全国自然科学名词审定委员会。委员会的任务是确定工作方针,拟定科技名词术语审定工作计划、实施方案和步骤,组织审定自然科学各学科名词术语,并予以公布。根据国务院授权,委员会审定公布的名词术语,科研、教学、生产、经营以及新闻出版等各部门,均应遵照使用。

全国自然科学名词审定委员会由中国科学院、国家科学技术委员会、国家教育委员会、中国科学技术协会、国家技术监督局、国家新闻出版署、国家自然科学基金委员会分别委派了正、副主任担任领导工作。在中国科协各专业学会密切配合下,逐步建立各专业审定分委员会,并已建立起一支由各学科著名专家、学者组成的近千人的审定队伍,负责审定本学科的名词术语。我国的名词审定工作进入了一个新的阶段。

这次名词术语审定工作是对科学概念进行汉语订名,同时附以相应的英文名称,既有我国语言特色,又方便国内外科技交流。通过实践,初步摸索了具有我国特色的科技名词术语审定的原则与方法,以及名词术语的学科分类、相关概念等问题,并开始探讨当代术语学的理论和方法,以期逐步建立起符合我国语言规律的自然科学名词术语体系。

统一我国的科技名词术语,是一项繁重的任务,它既是一项专业性很强的学术性工作,又涉及到亿万人使用习惯的问题。审定工作中我们要认真处理好科学性、系统性和通俗性之间的关系;主科与副科间的关系;学科间交叉名词术语的协调一致;专家集中审定与广泛听取意见等问题。

汉语是世界五分之一人口使用的语言,也是联合国的工作语言之一。除我国外,世界上还有一些国家和地区使用汉语,或使用与汉语关系密切的语言。做好我国的科技名词术语统一工作,为今后对外科技交流创造了更好的条件,使我炎黄子孙,在世界科技进步中发挥更大的作用,做出重要的贡献。

统一我国科技名词术语需要较长的时间和过程,随着科学技术的不断发展,科技名词术语的审定工作,需要不断地发展、补充和完善。我们将本着实事求是的原则,严谨的科学态度做好审定工作,成熟一批公布一批,提供各界使用。我们特别希望得到科技界、教育界、经济界、文化界、新闻出版界等各方面同志的关心、支持和帮助,共同为早日实现我国科技名词术语的统一和规范化而努力。

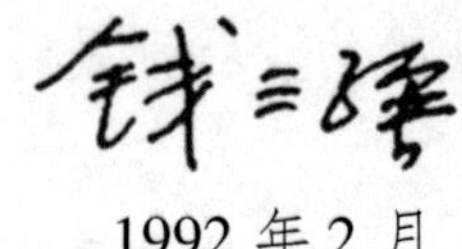

1992 年 2 月

前　言

“化工”一词是化学工程和化学工业的简称，其中化学工程作为国家一级学科，是研究化学工业和其他过程工业生产中所进行的化学过程和物理过程共同规律的一门工程科学，也是化学工业的核心支撑学科；而化学工业涉及石油炼制、基本有机化工、无机化工与化肥、高分子化工、生物化工、精细化工等众多生产专业领域，以及公用工程、环保安全、工程设计与施工等诸多辅助专业领域。

化学工业属于流程性制造行业，利用自然界存在的水、空气、以及煤、盐、石油与天然气等矿产资源作为原料，利用化学反应及物理加工过程改变物质的分子结构、成分、形态，经济地、大规模地制造提供人类生活所需要而自然界又不存在的交通运输燃料、合成材料、化肥和各种化学品，包括汽柴油与喷气燃料、化肥、合成树脂、合成橡胶、合成纤维、无机酸碱盐、药品等重要物资。

自 1995 年全国科学技术名词审定委员会公布《化学工程名词》至今已有 20 余年，这期间化工领域页岩气、致密油等新原料、甲醇制烯烃（MTO）等新工艺、高端石化新产品以及新学科、新概念、新理论、新方法不断涌现，包括石油炼制、石油化工在内的我国化工产业取得了巨大的发展成就。通过科技创新，突破了一大批制约行业发展的核心关键技术，在过程强化、离子液体、微反应工程、产品工程、介尺寸流动等诸多方面取得了新进展，孕育出一些重要的新型分支学科。与此相关联，涌现出一大批新的化工科学技术名词。因此，对《化学工程名词》进行扩充、修订以及增加名词定义十分必要，这对于生产、科研、教学，以及实施“走出去”战略、加强国内外学术交流和知识传播，促进科学技术和经济建设的发展，具有十分重要的意义。

此版化工名词具有三大特色，一是名词均加注有简洁的定义或释义；二是名词收词范围从化学工程学科扩展到化学工业；三是确定化学工业为大化工范畴：包含有石油炼制、石油化工和传统化工等 11 个不同的化工专业以及辅助专业领域。

受全国科学技术名词审定委员会委托，中国化工学会于 2013 年 7 月 17 日启动了《化工名词》的审定工作，按照《化工名词》的学科（专业）框架，化工名词审定委员会相继组建了 11 个分委员会。

石油炼制·煤制油及天然气·生物质制油名词审定分委员会率先组建，由王基铭院士担任分委员会主任，分委员会依托中国石化出版社和石油化工科学研究院，来自中国石油化工集团公司、中国石油天然气集团公司、中国海洋石油总公司、中国神华能源股份有限公司等企业集团、著名高校和研究院所的专家（包括 7 位院士）担任委员；分委员会下设编审专家组，由中国石化出版社、中国石化石油化工科学研究院有关人员组成。

审定工作于 2013 年 7 月 11 日启动，会议确定分石油炼制、煤制油及天然气、生物质制油三个专业组收词，收词范围为炼油工业所涉及的技术术语及相关通用词条，紧密围绕石油加工过程，通用词条只收录与炼油工业密切相关的术语，收词主要依托 2014 年出版、由王基铭院士主编的《石油炼制辞典》（第二版），该辞典编写和审查过程中有近百名专家参与，《石油炼制·煤制油及天然气·生物质制油名词》（以下简称《石油炼制名词》）的三级目录也借鉴了《石油炼制辞典》的目录。

《石油炼制名词》一审会于 2013 年 10 月 11 日召开，对收录的 3689 个带定义或释义的名词进行了收录审查，会后编审专家组根据专家意见和建议进一步修改了名词及定义或释义。

2014 年 2 月,中国化工学会对《石油炼制名词》进行了内部查重,并召开了内部查重协调会,对重复的名词的处理进行了充分协商。

2014 年 4 月 25 日召开二审会议,讨论了《石油炼制名词》的词条、英文和定义和释义。会议原则上审查通过,会后由中国石化出版社组织有关专家和编辑人员进一步修改、完善。

2014 年 5 月 6 日至 29 日,《石油炼制名词》统读审稿会(三审会)召开,邓春森、姚国欣、沈本贤、洪定一、李兆斌、陈允中、王子康 7 位石油化工资深专家参加了会议。统读审稿会历时 14 天,专家针对稿件中的所有名词的词条、英文名称及定义和释义进行了认真、全面的逐条讨论。其中,对含外文的名词、软件名词、拔毛蜡和猪尾巴管等过于通俗的名词、增加的新名词、芳烃和煤化工等与相关分委员会专业交叉的处理等重点、难点问题进行了讨论、审查和修改。

2014 年 7 月 9 日,《石油炼制名词》提交到全国科学技术名词审定委员会进行大库查重,并将结果返回石油炼制·煤制油及天然气·生物质制油名词审定分委会。《石油炼制名词》编审专家组于 8 月初完成了稿件修改、统稿及分类工作,经石油炼制·煤制油及天然气·生物质制油名词审定分委会主任审定后,提交中国化工学会。中国化工学会于 8 月 15 日正式将《石油炼制名词》上报全国科学技术名词审定委员会。2014 年 9 月全国科学技术名词审定委员会安排了中国石油大学(华东)校长山红红教授和金陵石化公司原总工程师胡尧良教授级高工两位专家复审。

2014 年 11 月收到复审意见后,编审专家组即把意见和建议分送给分委会各位委员及编写人员,分委会于 2014 年 12 月 24 日召开了审查会议,会议对复审人所提的意见和建议逐条进行了讨论,绝大多数予以采纳,对个别有争议的词又查阅了资料,咨询了有关专家,重新修订了定义。会后,经分委会主任审查同意,最终确定上报。

《石油炼制名词》的审定工作在王基铭院士带领下,严格按照全国科学技术名词审定委员会的规定,经历了收词、定名、定义、专家一审、委内查重、专家二审、化工名词审定委员会与石油炼制·煤制油及天然气·生物质制油名词审定分委会联合统读审稿(三审)、大库查重、全国科学技术名词审定委员会专家复审等流程,最终按照学科(专业)框架的三级目录体系,收录了总类、石油炼制、煤制油及天然气、生物质制油四部分的名词共 1784 条。

在四年多的审定工作中,中国化工学会、各分支委员会、全国化工界同仁,以及有关专家、学者,都给予了热情的支持和帮助,谨此表示衷心的感谢。名词审定是一项浩繁的基础性工作,不可避免地存在各种错误和不足,同时,现在公布的名词与定义或释义只能反映当前的学术水平,随着科学技术的发展,还将适时修订。希望大家对化工名词审定工作继续给予关心和支持,对其中存在的问题,不吝提出宝贵意见,以便今后修订时参考,使之更加完善。

化工名词审定委员会

2016 年 10 月

编 排 说 明

一、本书公布的是化工名词中石油炼制·煤制油及天然气·生物质制油领域的基本词，共1784条，每条名词均给出了定义或注释。

二、全书分4部分：总论、石油炼制、煤制油及天然气、生物质制油。

三、正文按汉文名所属学科的相关概念体系排列。汉文名后给出了与该词概念相对应的英文名。

四、每个汉文名都附有相应的定义或注释。定义一般只给出其基本内涵，注释则扼要说明其特点。当一个汉文名有不同的概念时，则用(1)、(2)……表示。

五、一个汉文名对应几个英文同义词时，英文词之间用“,”分开。

六、凡英文词的首字母大、小写均可时，一律小写；英文除必须用复数者，一般用单数形式。

七、“[ ]”中的字为可省略的部分。

八、主要异名和释文中的条目用楷体表示。“全称”“简称”是与正名等效使用的名词；“又称”为非推荐名，只在一定范围内使用；“俗称”为非学术用语；“曾称”为已淘汰的旧名。

九、正文后所附的英汉索引按英文字母顺序排列；汉英索引按汉语拼音顺序排列。所示号码为该词在正文中的序码。索引中带“*”者为规范名的异名或在释文中出现的条目。

目　　录

附录

01. 总　　论

01.01　通 用 名 词

01.0001　石油炼制　petroleum refining
以原油为原料采用物理和化学方法得到石油燃料、润滑油、石油蜡、石油沥青、石油焦等各种石油产品和石油化工基本原料的生产过程。

01.0002　炼油工艺　refining process
将原油或石油馏分运用物理及化学方法加工或精制成各种石油产品的加工方法。

01.0003　炼油工艺装置　refining process unit
炼油工艺流程中每个相对独立的加工单元。

01.0004　原油加工流程　crude processing scheme
又称“总工艺加工流程”。石油炼制工业中，为合理利用原油资源、优化物料和能量利用所制订的将原油加工成各种成品油的含有加工工艺单元的集成。

01.0005　石油化工装置　petrochemical unit
以炼油厂提供的原料生产聚合物等大宗化学品的装置。如乙烯生产装置、芳烃生产装置等。

01.0006　石油化工原料　petrochemical feed-stock
由炼油装置提供给石油化工装置的原料。主要有石脑油、醚后碳四、芳烃、液化石油气、催化裂化干气等。

01.0007　一次加工装置　primary processing unit
炼油厂常压蒸馏或常减压蒸馏装置。

01.0008　二次加工装置　secondary processing unit
将通过炼油厂一次加工装置获得的馏分油和渣油进一步再加工成燃料、润滑油基础油或化工原料的生产装置。

01.0009　组合工艺　combined process
根据原油的性质、目标产品、质量要求及加工过程的技术经济性，选择两种或两种以上最适合的加工工艺技术，进行优化组合而形成的生产工艺。

01.0010　燃料化工型炼油厂　fuel-chemicals type refinery
在生产汽油、煤油、柴油等发动机燃料的同时，生产芳烃和其他石油化工原料及产品的炼油厂。

01.0011　燃料润滑油化工型炼油厂　fuel-lube and chemicals type refinery
在生产汽油、煤油、柴油等发动机燃料的同时，也生产一部分润滑油基础油和化工产品或化工原料的炼油厂。

01.0012　燃料润滑油型炼油厂　fuel-lube type refinery
在生产汽油、煤油、柴油等发动机燃料的同时，也生产润滑油基础油的炼油厂。

01.0013　燃料油型炼油厂　fuel type refinery
不生产或少量生产润滑油料，以生产汽油、柴油、煤油、燃料油等燃料为主的炼油厂。其特点是通过一次加工和二次加工最大限度地生产轻质油品和轻质燃料。

01.0014 联合装置 integrated unit

装置间直接进料、开工或停工检修等均同步进行、集中紧凑布置的两个或两个以上相关加工工艺装置的组合体。

01.0015 炼化一体化 refining-petrochemical integration

将炼油与化工在工厂总流程、总平面布置、公用工程、油品储运及其他辅助系统上统一考虑,实现炼油-化工原料互供与能量利用的优化集成。

01.0016 炼厂气加工 refinery gas processing

以炼油厂干气、液化气等为原料进一步加工利用的工艺过程。

01.0017 间歇加工过程 batch process

物料以批量为单位、间歇运转进行加工的过程。

01.0018 石油产品 petroleum products

以石油为原料生产的烃类产品。一般包括石油燃料、石油溶剂与化工原料、润滑剂、石蜡、石油沥青、石油焦等。

01.0019 发动机燃料 motor fuel

为发动机提供动力,通过燃烧将化学能变为热能,最终转变为机械能的燃料。

01.0020 清洁燃料 clean fuel

燃烧时不产生或少产生对人体和环境有害的 NO_x、SO_x 等物质,或有害物质十分微量的石油燃料产品。如天然气、液化石油气、清洁汽油、清洁柴油等。

01.0021 馏程 boiling range

又称“沸程”。油品在规定条件下蒸馏,从初馏点到终馏点表示其蒸发特征的温度范围。

01.0022 馏分油 distillate

原油或其他油品及其二次加工产物蒸馏时切割成各种沸点范围的液态烃类混合物。

01.0023 馏分 fraction

原油蒸馏时按沸程切割成各种馏分油的通称。有时也指油料中具有一定碳数的组分。

01.0024 馏分组成 fractional composition

以各个馏分(或馏分油)含量表示的混合物组成。通常用体积或质量分数表示。

01.0025 宽馏分 wide cut, wide fraction

馏程范围相对较宽的石油馏分。

01.0026 石脑油馏分 naphtha fraction

原油中从常压蒸馏的初馏点到200℃(或180℃)之间的轻馏分。

01.0027 柴油馏分 diesel fraction

又称“柴油组分”。构成柴油的各个成分,是烃类化合物(碳原子数约10~28)的混合物。

01.0028 润滑油馏分 lube oil fraction

适于制取润滑油的石油馏分。

01.0029 重质油 heavy oil

原油经蒸馏分离出轻馏分油(汽油、煤油、柴油)之后的减压馏分油和减压塔底油。有时也指重质原油。

01.0030 尾油 tail oil

泛指原油蒸馏所产生的残留油。有时也将其他加工过程的剩余油称为尾油,如加氢裂化尾油等。

01.0031 石油燃料 petroleum fuel

用作燃料的石油产品。主要包括汽油、煤油、柴油、液化气、燃料油等。

01.0032 石油溶剂 petroleum solvent

对某些物质起溶解、稀释、洗涤和抽提等作用的直馏轻质石油产品。

01.0033 油品改质 oil product upgrading

为改善油品质量以达到更高产品质量要求所采取的工艺过程。如柴油加氢改质、异构脱蜡等。

01.0034 油品精制 oil product refining

为脱除油品中的杂质以达到规定产品质量要求所采取的工艺过程。如煤油、柴油的加氢精制、润滑油的溶剂精制、白土精制等。

01.0035 非均相聚合 heterogeneous polymerization

又称"多相聚合"。在非单一、非均匀的体系中进行的聚合反应。

01.0036 高温裂解 pyrolysis

又称"高温热解"。烃类在750℃以上的高温下发生断链或脱氢反应生成低分子烃的分解过程。工业上用来制取乙烯、丙烯、合成气等。

01.0037 共聚 copolymerization

全称"共聚反应"。在催化剂作用下,几种不饱和或环状的单体分子之间发生的聚合反应。

01.0038 化学吸附 chemical adsorption

分子以类似于化学键的力吸附于固体表面的过程。活化能较高,吸附热较大,大多是不可逆过程。

01.0039 加成反应 addition reaction

有机物不饱和键与其他原子或原子团直接作用、结合生成一种新的加成产物的反应。是一种重要的有机反应。

01.0040 超临界溶剂抽提 supercritical solvent extraction

在超临界状态下,利用选择性溶解分离出混合物中某些组分的过程。

01.0041 碱处理 alkali treatment

又称"碱洗"。用于处理直馏汽油、煤油、柴油以及催化裂化汽油或柴油等轻质油品,以去除油中的某些氧化物(如环烷酸、酚类等)或硫化物,或为了中和酸处理后油品中残存的酸的过程。

01.0042 接触吸附 contact adsorption

利用固体多孔材料的表面吸附作用,除去气体或液体原料或油品中的某些极性有害物质的过程。

01.0043 热联合 thermo-combination

在热量利用优化时,将上下游两套或多套装置的热能消耗与输出作为一个整体来考虑,以达到装置间能量的综合利用和优化的方法。

01.0044 烧焦 coke burning

采用限量空气或氧气,在限定温度下,通过燃烧除去催化剂上或加热炉管内积炭的方法。

01.0045 溶剂精制 solvent refining

用溶剂萃取的方法除去原料(或半成品)中所含多环芳烃、硫、氮、氧化合物以及胶质、沥青质等杂质和非理想组分的工艺过程。

01.0046 脱氮 denitrogenation

加氢精制处理过程中,在催化剂作用下,进料中含氮化合物中的氮原子转化为氨而除去的过程。

01.0047 脱附 desorption

通过采用加热、降压、吹扫、置换等方法使被吸附物脱离吸附剂表面的过程。

01.0048 酸碱洗涤 acid-alkali washing

又称"酸碱处理""酸碱精制"。用硫酸与碱液精制油品的方法。

01.0049 渣油加工 residue processing

常压重油、减压渣油的加工工艺。包括渣油加氢裂化、催化裂化、渣油加氢处理、焦化、溶剂脱沥青等。

01.0050 渣油平衡 residue balance

炼油厂原油加工过程中,重质油的产出量、加工量和销售量之间的物料平衡。

01.0051 活性炭吸附工艺 activated carbon

adsorption process

利用活性炭与油气分子的亲合作用吸附油气分子,实现油气与空气分离,从而回收油气的方法。

01.0052 深冷工艺 cryogenic process

用多级连续冷却方法,使油气从空气中冷凝析出而分离,从而回收油气的方法。或用作炼厂气分离精制。

01.0053 膜分离工艺 membrane separation process

利用挥发性烃类与空气在膜内的扩散性能(即渗透速率)的不同来实现分离的工艺。

01.0054 吸收剂油气分离工艺 absorption process with solvent

利用空气和油气在吸收剂中溶解度的不同,实现油气分离,然后将纯油气从吸收剂中解吸出来的方法。

01.0055 火炬筒体 flare stack

火炬系统中,把火炬气送到高空的火炬头进行燃烧的中间结构。

01.0056 火炬塔架 flare support

支撑火炬头及火炬筒体的基础结构。

01.0057 水封阀组 water sealed valve train

火炬系统水封罐上配备的气体和水的进出阀门组合设备。

01.0058 重油装车鹤管 heavy oil loading arm

用于重质油、高黏油、沥青等重油装车、装船的鹤管。

01.0059 浸没式装车鹤管 immersion loading arm

装有分配头、能将鹤管伸到罐底的装车鹤管。

01.0060 密闭装车鹤管 sealed loading arm

在普通装车鹤管的基础上,增加了密封盖、回气管线等装置,可以大大降低油气外泄的装车鹤管。

01.0061 卸车鹤管 unloading arm

用于铁路槽车和油罐汽车的卸载作业的专用鹤管。

01.0062 阻火通气罩 flame arrester with vent hood

又称“防火器”。防止外部火焰窜入存有易燃易爆气体的设备、管道内或阻止火焰在设备、管道间蔓延的安全装置。

01.0063 油库 oil depot

由储油罐等组成的用来接收、储存和发放原油或石油产品的场所。

01.0064 加温输送 heated transportation

在管道输送时,通过加热油料来防凝降黏,以降低输油时动力消耗的管道输油工艺。

01.0065 密闭输送 tight line transportation

从首站储油罐经泵、干线、中间泵站到终点油罐之间,油品处于密闭状态下输送的一种工艺。

01.0066 活塞流 piston flow

不同的流体瞬间同时流入一处,作为整体以同一速率、同一方向流动,无返混和滑落的现象。

01.0067 产率 yield

又称“收率”。石油加工过程中各种产品的数量占加工原料总量的百分数。通常以质量分数或体积分数表示。

01.0068 产率曲线 yield curve

原油蒸馏时,各馏分产率与馏出温度区间的关系曲线。

01.0069 单位能量因数 unit energy factor

炼油厂能耗评价指标计算参数,也表示装置或辅助系统的复杂程度。包括炼油装置因数和辅助系统因数两部分。

01.0070 单位综合能耗 unit comprehensive energy consumption
在统计期内,对统计对象(炼油装置、辅助系统或全厂)以单位原料加工量或单位产品产出量所表示的各种能耗量。

01.0071 精制用溶剂 refining solvent
润滑油溶剂精制过程所用的溶剂。

01.0072 绝对黏度 absolute viscosity
表征流体内摩擦力的参数。以绝对单位Pa · s表示。

01.0073 空塔速度 superficial velocity
又称"空塔气速"。蒸馏塔在操作条件下,通过塔器横截面的蒸气线速度。

01.0074 硫平衡 sulfur balance
表示原油加工过程中关于原油(及原料)带入的硫数量与产品携带走的硫、回收的硫和排放的废水、废气、废渣携带的硫之间量的关系。

01.0075 能量密度指数 energy density index
炼油厂实际能耗总量与应达到的标准能耗总量的比值。

01.0076 能[量]平衡 energy balance
一个体系的输入能量与有效能量、损失能量之间的平衡关系。

01.0077 黏度曲线 viscosity curve
油品黏度随温度变化的曲线。表示油品的黏温特性,也是设计计算油品流动和输送时常用的计算依据。

01.0078 调和配伍性 compatibility
在油品调和中,以合适的量加入两种或两种以上的添加剂于同一油品内,以提高其使用性能,但油品不产生沉淀或添加剂不降低自身的性能。

01.0079 汽油牌号 gasoline grade
按汽油辛烷值的高低所规定的一系列编号。如90号、93号、95号等。牌号越高,汽油的抗爆性能越好。

01.0080 燃料油牌号 fuel oil grade
按燃料油运动黏度来划分的商品序号。国内对于馏分型燃料油,常用40℃时的运动黏度来区分;对于残渣型燃料油,用100℃时的运动黏度来区分。

01.0081 氢平衡 hydrogen balance
炼厂产氢(包括回收氢)与用氢之间量的平衡关系。是炼油厂生产中的重要控制指标之一。

01.0082 热值 heat value
又称"发热量"。单位体积或质量的燃料完全燃烧时所放出的热量。低热值仅指燃料本身的燃烧热,而高热值还要加上水蒸气冷凝热。

01.0083 溶剂选择性 solvent selectivity
溶剂精制所用的溶剂,在同样温度条件下,对被处理油品中的各组分具有的不同溶解能力。

01.0084 酸性组分 acid component
双功能催化剂中具有酸性功能的组分。也是酸性活性组分,如硅酸铝、沸石分子筛等。

01.0085 尾气 tail gas
泛指在反应或燃烧过程中排放出的气体或废气。

01.0086 油品稳定 oil stabilization
通过分馏塔脱除原油或汽油中所含的气体烃,以使在输送或储存时减少挥发性损失的工艺过程。

01.0087 物料平衡 material balance
根据质量守恒定律,计算石油化工生产过程某个单元或全厂的原料和辅助材料的用量,各种中间产品、副产品、产品的产出量和规格以及三废的排放量。

01.0088　吸收剂　absorbent

用来对某些组分进行吸收的液体。

01.0089　吸收能力　absorptive capacity

又称“吸收容量”。在操作条件下,单位体积或单位质量的吸收剂吸收气体的体积或质量数。

01.0090　液泛点　flooding point

又称“液泛极限”。设计分馏塔时所规定空塔气体线速的极限值。

01.0091　蒸气分压　vapor partial pressure

在多组分的气液平衡系统中,混合蒸气中某一组分蒸气的压力。其值近似等于总压力乘以该组分的体积(或摩尔)分数。

01.0092　蒸气负荷　vapor load

又称“气相负荷”。通过蒸馏塔板的蒸气体积流量。

01.0093　自燃点　spontaneous ignition temperature

在规定的条件下,可燃物质受热,无需外界引火点燃即自行并持续燃烧的最低温度。

01.0094　总液收率　total liquid recovery

石油炼制过程中液体产物的总收率。以体积分数或质量分数表示,是衡量炼油厂加工过程的重要技术经济指标之一。

01.02　油气资源

01.0095　天然气　natural gas

主要产于油田和天然气田的以甲烷为主的复杂烃类混合物。通常含有乙烷、丙烷和少量碳原子数更多的烃类,以及若干不可燃的气体,如二氧化碳、硫化氢、氮气等。

01.0096　压缩天然气　compressed natural gas

经压缩,压力在14.7~24.5mPa范围内的天然气。以专用压力容器储存,便于远距离输送。可用作车用燃料的压缩天然气称为车用压缩天然气。

01.0097　液化天然气　liquefied natural gas

天然气经压缩、冷却至其沸点(−161.5℃)以下变成的液体。通常储存在−161.5℃、0.1MPa左右的低温储存罐内。

01.0098　凝析油　condensate oil

从油田气中凝析出来的液态组分。主要是C_5、C_6组分。

01.0099　天然气液　natural gas liquid

在一定温度、压力条件下,从天然气中凝析出来的液体。主要是C_2、C_3、C_4组分。

01.0100　原油　crude oil

埋藏于地下天然生成的液态石油。是由各种烃类、非烃类化合物组成的油状、可燃的复杂混合物。

01.0101　API[重]度　American Petroleum Institute gravity, API gravity

又称“比重指数”。美国石油学会用来表示油品(或原油)密度的一种约定尺度。为油品相对密度倒数的函数。油品相对密度越小,API度越大。

01.0102　重质原油　heavy crude oil

一般指相对密度介于0.9310~0.9980(API度10~20)的原油。颜色深,富含胶质和沥青质,汽油馏分含量比轻质原油和中质原油少。

01.0103　超重原油　extra-heavy crude oil

相对密度>0.9980(API度<10)的原油。

01.0104　低凝原油　low-freezing crude oil

一般指凝点低于0℃的原油。低凝原油一般蜡含量较低。

01.0105 劣质原油 inferior crude oil
一般指高硫、高酸及金属等杂质含量高或密度大的原油。

01.0106 合成原油 synthetic crude oil
以油页岩、油砂、煤、重质油以及生物质等为原料,经过热裂解等各种加工过程得到的可以运输、销售和加工的产物。

01.0107 原油一般性质 general propertiy of crude oil
原油的物理性质和化学性质。物理性质有颜色、密度、黏度、凝点等项;化学性质有化学组成、组分组成和杂质含量等。

01.0108 原油评价 crude evaluation, evaluation of crude oil
在实验室对原油进行各种物理化学分析和蒸馏切割等试验,根据得到的数据对原油的质量和利用价值进行评价的方法。原油评价报告通常是制定对其加工方案的科学依据。

01.0109 原油组成 crude composition
构成原油的各种烃类和非烃类组分所占的比例。

01.0110 原油分离 crude separation
一般指在实沸点蒸馏装置上,将原油切割,按照评价要求分离出宽、窄馏分油的过程。

01.0111 原油配置 crude supply allocation
根据炼油装置构成,对原油资源进行最优组合,从而把有限的资源分配给生产效率最高的企业的活动。

01.0112 原油乳化 crude emulsification
水均匀分散在原油中或原油均匀分散在水中的过程。

01.0113 原油分类 classification of crude oil
按照原油的物性、化学组成区分原油的方法。主要包括:原油特性因数分类法、原油关键馏分特性分类法、原油酸含量分类法、原油硫含量分类法、原油相对密度分类法等。

01.0114 石蜡基原油 paraffin-base crude
含蜡量较高而胶质、沥青质含量较低的原油。

01.0115 中间基原油 intermediate-base crude
又称“混合基原油”。性质介于石蜡基原油和环烷基原油之间的一类原油。

01.0116 环烷基原油 naphthene-base crude
环状烃含量较高的原油。为便于统一分类,将沥青基原油也称为环烷基原油。

01.0117 沥青基原油 asphalt-base crude
又称“稠油”。API 度约为 10,通常为含轻馏分且含蜡量较低而胶质、沥青质含量较高的原油。

01.0118 储存损耗率 storage loss rate
油品在储存期内所发生的损耗量占储存量的百分数。

01.0119 大呼吸损耗 working loss
油罐在收发油时,因罐内气体空间体积改变,使油气从呼吸阀逃逸而产生的损耗。

01.0120 鹤管 loading arm
将油品导入槽车(铁路槽车或公路罐车)的设备。

01.0121 扫线 pipeline purging
将管线中的介质用另一种介质置换出来的过程。如蒸气吹扫、水冲洗、氮气吹扫等。

01.0122 小呼吸损耗 breathing loss
因气温变化,引起罐内气体空间体积改变,而产生的损耗。

01.0123 垫水 water bottoms
在卸船以及油罐清罐时,向船舱或油罐内注水,使油品浮于水的表面的操作。其目的是将残存的油品尽量卸尽。

01.0124 水封罐 water sealing tank
用作水封目的的容器。

01.0125 原油储罐 crude oil tank

用于储存液体原油的钢制密封容器。

01.0126 液化气球罐 liquefied petroleum gas spherical tank

用于储存液化石油气,主要为液化的 C_3、C_4 类轻烃混合物的钢制密封容器。

01.0127 呼吸阀 respiration valve

利用正负压阀盘的重量来控制储罐的排气正压和吸气负压,以维护储罐气压平衡,减少介质挥发的安全节能装置。

01.03 技术经济

01.0128 原油现货 spot crude

双方约定在近期按一定价格和其他条件一次性交收一定数量原油实物的交易。

01.0129 基准原油 benchmark crude

以该种原油的价格作为基准油价的原油。目前全球原油贸易中的主要基准原油有西得克萨斯、布伦特、阿曼、迪拜和米纳斯等。

01.0130 西得克萨斯中质油 West Texas intermediate crude

美国得克萨斯州西部油田出产的一种轻质低硫原油。为纽约商品交易所交易的西得克萨斯中质油期货合约的基础。

01.0131 布伦特原油 Brent crude

英国北海油田生产的一种轻质低硫原油。是西北欧、地中海、西北非等原油定价的基准原油。

01.0132 阿曼原油 Oman crude

阿曼生产和出口的原油品种。是含硫原油的主要作价基准原油之一,用于为中东出口至亚洲的原油定价。

01.0133 石油期货 oil futures

标的物为石油产品(石油、天然气、炼制产品)的期货。是能源期货的一个交易品种。

01.0134 原油期货 crude oil futures

标的物为原油产品的期货。是石油期货的一个交易品种。

01.0135 西得克萨斯中质油期货合约 West Texas intermediate futures contract

标的物为西得克萨斯中质油的标准化合约。1983 年 3 月由美国纽约商品期货交易所推出。

01.0136 布伦特原油期货合约 Brent futures contract

标的物为布伦特原油的标准化合约。1988 年 6 月由英国国际石油交易所推出,该交易所被收购后,目前主要在洲际交易所交易。

01.0137 战略石油储备 strategic petroleum reserve, SPR

以政府为主体的原油储备。由政府确定采购和动用,企业无权动用。

01.0138 原油商业储备 commercial crude reserve

以企业为主体的原油储备。政府给予财政支持并监控,企业可根据市场情况灵活动用。

01.0139 炼油完全费用 refining total cost

加工每吨原油及外购原料油所发生的完全费用。包括现金操作费用、折旧及摊销和财务费用。

01.0140 炼油毛利 refining gross margin

加工每吨原油及外购原料油所带来的毛收益。为炼油销售收入扣除原油及原料油成本、销售税金及附加税后的部分。

01.0141 炼油现金操作费用 refining cash operating cost

加工每吨原油及外购原料油所发生的现金操

作成本。包括全部变动费用与不含折旧、摊销和财务费用的固定费用。

01.0142 吨油利润 refining profit per ton of processed materials

加工每吨原油及外购原料油所带来的利润总额。

01.0143 单位变动费用 unit variable cost

加工每吨原油及外购原料油所耗费的变动费用,指与加工的原油及外购原料油数量相关的费用。

01.0144 单位其他变动费用 unit other variable cost

加工每吨原油及外购原料油所耗费的其他变动费用。指单位变动费用扣除单位燃动成本和单位辅材成本后的部分。

01.0145 单位固定费用 unit fixed cost

加工每吨原油及外购原料油所耗费的固定费用。炼油固定费用指与加工的原油及外购原料油数量不相关的费用。

01.0146 单位人工成本 unit labor cost

加工每吨原油及外购原料油所耗费的人工费用。包括职工薪酬、外包人员的工时费、上级管理人员的分摊薪酬等。

01.0147 单位维修成本 unit maintenance cost

加工每吨原油及外购原料油所耗费的维修费用。主要包括一般维修费和大修费。

01.0148 单位其他固定成本 unit other fixed cost

加工每吨原油及外购原料油所耗费的其他固定费用。是单位固定费用扣除单位人工成本和单位维修成本后的部分。

01.0149 单位燃动成本 unit fuel and power cost

加工每吨原油及外购原料油所耗费的燃料及动力费用。包括自产和外购的燃料油、燃料气、煤炭、石油焦、电力、蒸气、水、空气、氧气、氮气等的费用。

01.0150 单位辅材成本 unit auxiliary material cost

加工每吨原油及外购原料油所耗费的辅助材料费用。包括催化剂、化工助剂、化学药剂等的费用。

01.0151 汽油品质比率 quality ratio of gasoline

不同牌号汽油产品的比价。目前国内汽油品质比率以 90 号无铅汽油为 100,柴油品质比率以 0 号柴油为 100。

01.0152 成品油 product oil

符合国家和行业产品质量标准的油品。如汽油、煤油、柴油及其他具有相同用途的乙醇汽油和生物柴油等替代燃料。

01.0153 原油净回值定价 net back pricing of crude oil

以原油馏分收率及市场价格为基础,计算出的原油价格扣除原油运输成本后,确定原油价格的方法。

01.0154 进口原油到厂价 gate price of imported crude oil

进口原油抵达炼油厂界区内所发生的完全成本和费用。是原油到岸价与国内运杂费之和。

01.0155 原油一次加工能力 capacity of crude oil distillation

炼油厂原油蒸馏装置的加工能力。用以衡量企业原油加工生产规模。

01.0156 原油综合加工能力 crude processing capacity

炼油企业考虑到一次蒸馏及二次加工装置能力后的原油加工处理能力。用以衡量企业的原油综合加工能力。

01.0157 石油产品商品量 refining comprehensive commodity

已销售和准备销售的石油制品、已销售和准备销售的其他石油产品、供本企业基建和生活等非工业生产部门的石油产品量之和。

01.0158 石油综合商品率 refining comprehensive commodity rate

石油产品商品量占全厂原油和外购原料油加工量的百分比。用以衡量原油加工过程的物料投入产出水平。

01.0159 可比综合商品量 comparable comprehensive commodity

除石油产品商品量外,还包括半成品期初和期末库存差、外销蒸气折燃料与外购蒸气折燃料的差、自备电站发电用的各种燃料之和、由炼油提供的非炼油用的燃料和原料量。

01.0160 可比综合商品率 comparable comprehensive commodity rate

可比综合商品量占全厂原油和外购原料油加工量的百分比。用以在不同类型的炼油厂之间进行比较。

01.0161 轻质油 light oil

汽油、煤油、轻柴油、溶剂油以及相同馏分的产品(如化工轻油、苯类、洗涤剂原料、分子筛脱蜡原料等)。

01.0162 轻质油收率 light oil yield

轻质油产量占原油和外购原料油加工量的百分比。用以反映原油加工过程的产品轻质化水平。

01.0163 高价值产品收率 yield of high value product

具有较高附加值的产品产量占原油和外购原料油加工量的百分比。用以反映原油加工过程的产品增值水平。

01.0164 汽油收率 gasoline yield

汽油产量占原油和外购原料油加工量的百分比。汽油产量包括车用汽油和航空用汽油。

01.0165 煤油收率 kerosene yield

煤油产量占原油和外购原料油加工量的百分比。煤油产量包括航空用煤油、灯用煤油。

01.0166 柴油收率 diesel yield

柴油产量占原油和外购原料油加工量的百分比。柴油产量包括车用柴油、普通柴油和船用燃料油中的柴油组分。

01.0167 化工轻油 chemical light oil

在炼油厂中,以原油或其他原料加工生产的用作化工原料的轻质油。

01.0168 化工轻油收率 chemical light feedstock yield

化工轻油产量占原油和外购原料油加工量的百分比。

01.0169 燃料油收率 fuel oil yield

燃料油产量占原油和外购原料油加工量的百分比。燃料油产量包括船用燃料油、重油、其他燃料油、炼油厂自用中的燃料油量。

01.0170 炼油厂自用率 refinery oil consumption rate

用作炼油厂燃料的燃料油、燃料气、催化烧焦、石油焦量占原油和外购原料油加工量的百分比。

01.0171 炼油加工损失率 refining processing loss rate

原油加工过程中的损失量占原油和外购原料油加工量的百分比。用以反映炼油加工过程的物料损失控制水平。

01.0172 柴汽比 diesel to gasoline ratio

一个国家和地区在一个时期内所生产或提供市场消费的柴油和汽油的数量比。炼油行业中指一个企业在某一时期内所生产的柴油与汽油的质量比值。

01.0173 炼油综合能耗 comprehensive energy consumption of crude oil processing

加工每吨原油和原料油综合消耗各种能源的总和。消耗的各种能源要按一定的规则折合成标准燃料油。

01.0174 炼油单因耗能 comprehensive energy consumption factors between refineries

全称"炼油单位能量因数耗能"。综合能耗与炼油企业能量因数的比值。用于比较炼油企业间的能耗水平。

01.0175 炼油能耗定额 refinery energy consumption quota

炼油生产装置能耗定额、储运系统能耗定额、污水处理场能耗定额、热力损失能耗定额、输变电损失能耗定额等的总和。

01.0176 单位耗水 water consumption by unit

炼油厂耗用的新鲜水与原油和外购原料油加工量的比值。

01.0177 单位耗电 electricity consumption by unit

炼油厂耗用的电量与原油和外购原料油加工量的比值。耗用的电量包括外购的电量和自产电量。

01.0178 单位耗蒸气 steam consumption by unit

炼油厂耗用的蒸气与原油和外购原料油加工量的比值。

01.0179 单位辅材 auxiliary material consumption by unit

炼油厂耗用的辅材价值与原油和外购原料油加工量的比值。辅材包括催化剂、助剂、添加剂、化学药剂等。

01.0180 单位燃料 fuel consumption by unit

炼油厂耗用的外购及自用燃料油、燃料气、催化烧焦、石油焦等与原油和外购原料油加工量的比值。

01.0181 单位热输出 heat output by unit

炼油厂向外输出的热量折合成标准燃料油后，与原油和外购原料油加工量的比值。

01.0182 一般性维修指数 general maintenance index

当年一般性维修费用与上一年度一般性维修费用的平均值。

01.0183 大修指数 overhaul maintenance index

每当量蒸馏能力的炼油厂年均大修费用。反映炼油厂大修费用的支出水平。

01.0184 维修指数 maintenance index

大修指数和一般性维修指数之和。反映炼油厂维修费用的支出水平。

01.0185 炼油厂复杂度指数 refinery complexity index

炼油厂二次加工装置的投资乘以本装置处理量占原油处理量的百分数与蒸馏装置投资的比值。表征炼油厂的复杂程度。

01.0186 装置单位耗蒸气 plant steam consumption by unit

某装置消耗的蒸气量与该装置的原料加工量(或产品产量)的比值。

01.0187 装置单位耗辅材 plant auxiliary material consumption by unit

某装置消耗的辅材费用与该装置的原料加工量(或产品产量)的比值。

01.0188 装置单位耗氢气 plant hydrogen consumption by unit

某装置消耗的氢气量与该装置的原料加工量(或产品产量)的比值。

01.0189 装置单位耗燃料油 plant fuel oil consumption by unit

某装置消耗的燃料油量与该装置的原料加工量(或产品产量)的比值。

01.0190 装置单位耗燃料气 plant fuel gas consumption by unit

某装置消耗的燃料气量与该装置的原料加工量(或产品产量)的比值。

01.0191 装置单位耗其他燃料 plant other fuel consumption by unit

某装置消耗的除燃料油、燃料气外的其他燃料与该装置的原料加工量(或产品产量)的比值。

01.0192 装置加工损失率 plant processing loss

某装置的加工损失量占该装置的原料加工量的百分数。

01.0193 装置综合能耗 comprehensive energy consumption of plant

某装置消耗的燃料、电、蒸气、水、外输热按规定折算为千克标准油之和与该装置的原料加工量(或产品产量)的比值。

01.0194 装置开工率 plant utilization rate

在一定时间内装置的开工时数占该期间的日历时数的百分数。

01.0195 装置负荷率 capacity utilization rate of plant

在一定时间内装置的原料处理量(或产品量)占日历期内设计处理量(或产品量)的百分数。

01.0196 炼油厂复杂度 refinery complexity

炼油厂当量蒸馏能力与常压蒸馏装置能力之比。用以衡量炼油厂的复杂程度。

01.0197 装置模拟模型 plant simulation model

能够反映炼油装置投入产出关联关系且最大程度地与实际生产过程相吻合的数学模型。

01.0198 炼油优化 refinery optimization

以炼油企业经济效益最大化为目标,应用专业方法,确定生产过程中的决策变量最佳值的过程。

01.0199 炼化一体化优化 optimized refining chemical integration

以具有物料互供关系的炼油和化工企业整体效益最大化为目标,应用专业方法,确定物料互供及生产等过程中决策变量最佳值的过程。

01.0200 原油保本价 break-even price of the crude oil

在产品价格及其他相关因素确定的前提下,企业经济效益不发生变化时倒推的原油采购价格。

01.0201 总流程优化 process configuration optimization

对系统全过程进行优化,达到全厂利润最大目的的过程。

01.0202 原料油优化 feedstock optimization

对所加工原料油后续流程进行过程优化,使原料油得到最合理利用,以最低原料油成本实现最大经济效益的过程。

01.0203 产品优化 product optimization

在满足产品质量要求的情况下,对产品的数量和结构进行调整,使生产出的产品取得最大经济效益的过程。

01.0204 原油调和优化 optimization of crude oil blending

将不同性质的原油合理调配,使混合原油性质达到装置的进料要求,以降低原油成本、稳定原油性质的过程。

01.0205 产品调和优化 product blending optimization

在满足产品质量指标的前提下,对产品调和方案进行优化,实现合理利用组分油、优化产品结构目的的过程。

01.0206 装置操作优化 optimization of the plant operation

通过优化生产装置的操作流程和操作参数,实现生产效益最大化的过程。

01.0207 装置进料约束 feed quality constraint

of unit

为了满足装置正常生产的需要,减小上游产品对下游装置生产的影响,对装置进料性质进行的约束。

01.0208 在线优化 online optimization

对生产过程实施在线实时监控,通过在线软仪表、先进控制和实时优化技术等,对生产过程进行在线优化的技术。

01.0209 离线优化 offline optimization

通过离线模拟,优化调整装置负荷和工艺条件等,使装置始终处于高效、低耗、安全的优化生产状态的技术。

01.0210 原油切割 crude cut

利用组成石油的化合物具有不同沸点的特性,采用加热蒸馏等方法将原油分离成不同沸点范围的若干部分的过程。

01.0211 侧线悬摆 swing overlap of distillation cut

在相邻馏分油段之间建立悬摆馏分段(切割温度上下不超过15℃),作为同时具有两个相邻馏分油性质的单独物料,根据优化需求,确定该悬摆馏分段汇入上下相连馏分的比例的方法。

01.0212 原油加工方案 program for crude oil processing

根据原油的性质、特点和目的产品需求而制定的原油蒸馏生产方案及其产物的二次加工技术方案。

01.0213 基础方案 base case

为了对多个方案进行对比而设置的基本参照方案。

01.0214 优化方案 optimization program

针对炼化企业所研究的系统,经过多个方案测算对比,得到的最优的方案。

01.0215 销售收入利润率 sales profit margin

企业实现的总利润与同期的销售收入的比率。用以反映企业获利能力。

01.0216 汽柴油零售比重 proportion of retailed gasoline and diesel

销售企业汽油和柴油零售量占汽、柴油销售总量的百分比。用以反映销售企业零售业务的经营状况。

01.0217 汽柴油直销比重 proportion of direct sold gasoline and diesel

销售企业汽油和柴油直销量占汽、柴油销售总量的百分比。用以反映销售企业直销业务的经营状况。

01.0218 成品油终端销售比重 proportion of retail and distribution sales of finished oil

成品油终端销售量占成品油销售量的百分比。用以反映成品油销售结构及质量情况。

01.0219 油库年周转次数 annual turnover of oil depot

油库年出库量与油库有效库容总量的比值。用以衡量销售企业油库运营效率水平。

01.0220 炼油厂建设费用指数 refinery construction cost index

以投资指数形式表现的炼油厂建设费用变动趋势。用于调整不同年份的炼油厂投资。

01.0221 石油特别收益金 extra income levy on oil

国家对石油开采企业销售国产原油因价格超过一定水平所获得的超额收入按比例征收的收益金。

01.0222 工艺包 process package

具有特定内容及格式要求的工艺过程设计方案的文件表达。

01.0223 工艺包费 process package fee

购买工艺包设计文件所需的费用。是技术转让(许可)费用之一。

01.0224 所罗门绩效评价 Solomon performance assessment

美国所罗门管理咨询公司提出的一种对石油化工企业进行绩效评价的方法。

01.0225 燃油税 fuel oil tax

对在我国境内销售的车用燃油所征收的税。是费改税的产物。将养路费转换成燃油税，并入成品油消费税。

01.0226 加油站 gasoline station

具有储油设施，使用加油机为机动车加注汽油、柴油等车用燃油，并可提供其他便利性服务的场所。

02. 石油炼制

02.01 加工工艺

02.01.01 脱盐脱水

02.0001 原油脱盐脱水 crude oil desalting and dewatering

通过电化学等方法将原油中含有的水和盐类物质脱除的原油预处理过程。

02.0002 原油脱钙 crude oil decalcification

与脱盐脱水过程同时进行，注入适量脱钙剂的原油预处理过程。

02.0003 原油破乳 crude demulsification

用化学或电化学方法破坏原油乳状液的过程。

02.0004 电脱盐 electrical desalting

在外加高压电场的作用下，原油乳化液中的微滴水析出并聚集从原油中分离，盐溶解在水中而从原油中脱除的过程。

02.0005 交流电脱盐 alternating current electric desalting

在电极板之间施加交流高电压，通过交流高压电场来实现水滴和油分离的电脱盐技术。

02.0006 直流电脱盐 direct electrical desalting

在电极板之间施加高直流电压，通过直流高压电场来实现水滴和油分离的电脱盐技术。

02.0007 交直流电脱盐 alternating and direct electrical desalting

原油经水层进入，自下而上先后通过交流弱电场、直流中电场和直流强电场的电脱盐技术。

02.0008 高速电脱盐 high speed electric desalting

原油乳化液通过特殊设计的进油喷嘴直接进入到高压电场中的电脱盐技术。

02.0009 电泳聚结 electrophoretic coalescence

乳化液中带有电荷的水滴在电场中被电极吸引而移动，相互碰撞聚集成大水滴，依靠重力沉降使油水分离的过程。

02.0010 偶极聚结 dipole coalescence

乳化液中的水滴由于诱导偶极而产生方向相反、大小相等的两个力的作用而趋向聚结。

02.0011 脱钙剂 decalcification agent

原油脱钙过程中使用的一种高分子物质。大多呈酸性，可以与微溶于水的钙盐螯合形成水溶性化合物或沉淀物。

02.0012 混合强度 mixing intensity

表征原油电脱盐过程中，原油、水和破乳剂的混合程度。其数值通常用混合设备的压差来表示。

02.0013 脱盐率 desalting rate
脱盐前后原油含盐量的差值与处理前原油含盐量的比值。是衡量原油电脱盐效果的一项重要指标。

02.0014 乳化层 emulsion layer
电脱盐罐内由不同油水比例混合而形成的油水混合层,下部介质为水包油型,上部介质为油包水型。

02.0015 乳状液 emulsion
又称"乳化液"。一种液体(内相或分散相)以微滴状分散在另一种液体(外相或连续相)中,并为乳化剂所稳定。

02.0016 电脱盐罐 electric desalting tank
设有进料分配器、出油收集器、高压电场、水冲洗设施、排水系统、油水界面检测仪等构件的电脱盐设备。

02.0017 电极板 plate electrode
采用碳钢材料制成,具有导电性,可在极板表面形成薄水层,在电脱盐罐内形成电场区域。

02.0018 混合阀 mixing valve
带执行机构的一种特殊球阀。通过改变流道的方向和流通面积达到适中的混合效果,可用于调节电脱盐装置的油、水、破乳剂混合强度。

02.01.02 轻烃回收

02.0019 轻烃回收 light hydrocarbon recovery
回收原油加工过程中的轻烃,将 C_3、C_4 及少量的石脑油组分从含烃气体中分离出来的工艺过程。

02.0020 单塔石脑油稳定流程 single tower naphtha stabilization process
初馏塔和常压塔顶气经压缩进入单个稳定塔及所属系统的轻烃回收过程。

02.0021 初馏塔加压回收轻烃流程 light end recovery process by elevated primary distillation tower pressure
将初馏塔提压操作,由稳定塔将初馏塔顶油分离成干气、液化气和石脑油的工艺过程。

02.0022 单塔回收轻烃流程 light end recovery process with compressor
初馏塔和常压塔顶气经压缩机加压后,液相与初馏塔、常压塔顶油进稳定塔,分离出干气、液化气和石脑油的工艺过程。

02.0023 双塔回收轻烃流程 light end recovery process with twin-tower
初馏塔、常压塔顶气经压缩机加压后先进吸收塔,再进稳定塔,分离出干气、液化气和石脑油的过程。

02.0024 三塔回收轻烃流程 light end recovery process with three-tower
初馏塔、常压塔顶气经压缩机加压后进吸收塔被常压塔顶油吸收,富油进解吸塔,解吸塔底油进稳定塔,分离出干气、液化气和石脑油的过程。

02.0025 四塔回收轻烃流程 light end recovery process with four-tower
在轻烃回收三塔流程的基础上增设再吸收塔,进一步吸收解析气中的轻烃组分的过程。

02.0026 油吸收分离法 oil absorption separation method
利用炼厂气或裂解气中烃类组分在吸收油中的溶解度不同而实现分离的方法。

02.0027 液气比 liquid-gas ratio
气体吸收过程中,吸收剂用量与进入吸收塔的原料气体量之比。

02.0028 最小液气比 minimum liquid-gas ratio
在吸收-解吸工艺过程中,为了达到指定的吸收率,假定用无穷多层吸收塔板时的液气比。

02.0029 解吸率 desorption rate
在气体解吸过程中,液相中某组分实际浓度的变化对最大可能浓度变化的比值。

02.0030 解吸因数 desorption factor
又称“解吸因子”。某组分的气液平衡常数(K)与液气比倒数(V/L)的乘积 (KV/L)。

02.0031 吸收-解吸塔 absorption-desorption tower
吸收过程和解吸过程在同一塔内进行的设备。

02.0032 富油 rich oil
富含轻烃组分的吸收剂。

02.0033 贫油 lean oil
轻烃回收工艺中,不含或少含待吸收轻烃组分的吸收剂。

02.0034 解吸气 desorbed gas
富油进解吸塔分离出来的气体。

02.0035 补充吸收剂 make-up absorbent
为减少贫气中丙烯或 C_3 以上组分含量而采用常压中段回流或轻柴油充当的吸收剂。

02.01.03 常减压蒸馏

02.0036 原油蒸馏 crude distillation
原油在蒸馏设备或仪器中被加热汽化,利用原油中各组分的挥发度或沸点的不同,将原油蒸气进行分段(侧线)冷凝并加以收集的操作过程。

02.0037 常减压蒸馏 atmospheric and vacuum distillation
原油常压蒸馏和减压蒸馏的总称。通常包括闪蒸或初馏、常压蒸馏和减压蒸馏系统。

02.0038 常压蒸馏 atmospheric distillation
在常压条件下进行的蒸馏过程。

02.0039 减压蒸馏 vacuum distillation
在低于大气压力的负压状态下进行的蒸馏过程。

02.0040 预分馏 pre-distillation
为满足工艺过程的要求对原料油进行的预切割过程。

02.0041 拔头 topping
又称“拔顶蒸馏”。从原油中蒸馏出轻油组分的过程。

02.0042 拔头馏分 tops
经原油拔头装置或常压蒸馏塔顶分馏出的轻质组分。

02.0043 减压深拔 deep cut vacuum distillation
通过适当提高减压塔进料温度和真空度进行深度切割的减压分馏过程。目的是提高减压馏分油收率。

02.0044 工艺防腐 process corrosion prevention
采取工艺技术措施,防止或减轻装置腐蚀的技术。

02.0045 渐次汽化 gradual vaporization
又称“微分汽化”。原料油连续的升温汽化过程,由无穷次平衡汽化组成。

02.0046 渐次冷凝 gradual condensation
渐次汽化的相反过程,即原料油冷凝过程中,形成的液相不断与气相分开,直到规定限度为止。

02.0047 渐次蒸馏 gradual distillation
又称“微分蒸馏”“简单蒸馏”。应用渐次汽化理论对液体混合物进行分离的一种间歇蒸馏过程。

02.0048 气化段 flash zone
又称“闪蒸段”“蒸发段”。分馏塔进料口处的空间，原料中的气液两相在此段处分离。

02.0049 循环回流 circulation reflux
又称“侧线回流”。从分馏塔中部一处或几处塔板上抽出一部分液相馏分，经换热降温后，重新打回塔内的回流取热方式。

02.0050 馏分重叠 distillation overlap
分馏塔相邻两馏分之间，重质馏分的初馏点（或5%的馏出温度）低于轻质馏分的终馏点（或95%的馏出温度）的现象。用来衡量分馏塔相邻两馏分之间的分离精确度。

02.0051 馏分脱空 distillation gap
分馏塔相邻两馏分之间，重质馏分的初馏点（或5%的馏出温度）高于轻质馏分的终馏点（或95%的馏出温度）的现象。用以衡量分馏塔相邻两馏分之间的分馏精确度。

02.0052 分馏精度 degree of fractionation
用来表示原料油蒸馏时各侧线产品之间分离程度的高低。

02.0053 馏分宽度 cut range
减压馏分油恩氏蒸馏2%与97%体积馏出量之间的温度范围。

02.0054 转油线 transfer line
炼油工艺过程中油料从一个设备流向另一个设备所通过的管线。如加热炉出口至蒸馏塔入口的管线。

02.0055 蒸汽发生器 steam generator
利用工艺物流热量发生水蒸气的设备。

02.0056 抽出塔盘 side cut tray
从分馏塔中抽出侧线产品或回流油的塔盘。

02.0057 灵敏塔板 sensitive plate
塔板上液体组成或温度变化最大的塔板。

02.0058 平行换热 parallel heat exchange
将冷原油分成多路，同时与各种产品和回流等热物流换热，提高原油换热温度的一种原油预热流程。

02.0059 总拔出率 total distillate yield
一般指原油经过常减压蒸馏后，所得除减压塔底油之外的所有产品与原油进料之比。

02.0060 直馏汽油 straight-run gasoline
从原油常压蒸馏系统直接得到的汽油馏分，经过进一步加工后用于生产车用汽油。

02.0061 直馏煤油 straight-run kerosene
从原油常压蒸馏系统直接得到的煤油馏分。主要用于生产喷气燃料或灯用煤油。

02.0062 直馏柴油 straight-run diesel
从原油常压蒸馏系统直接得到的柴油馏分。主要用于生产车用柴油和普通柴油。

02.0063 常压重油 atmospheric residue
又称“常压渣油”。原油经常压蒸馏后的塔底油。

02.0064 减压蜡油 vacuum gas oil, VGO
又称“减压瓦斯油”“蜡油馏分”。从原油减压蒸馏塔侧线得到的相当于常压下350～550℃的高沸点馏分油。主要用作催化裂化或加氢裂化的原料，或用作生产润滑油基础油的原料。

02.0065 重质减压蜡油 heavy vacuum gas oil
特制减压深拔中，从减压塔侧线抽出的中馏点温度范围在540～560℃范围的馏分。

02.0066 减压渣油 vacuum residue
从原油蒸馏装置减压塔底抽出的残渣油。

02.0067 常压加热炉 atmospheric heater
原油蒸馏装置中将换热后（约300℃）的原油加热到常压蒸馏所需要的温度（360～370℃）的加热设备。

02.0068 减压加热炉 vacuum heater
原油蒸馏装置中将常压重油（350℃左右）加热到减压蒸馏所需要温度（390～420℃或以

上）的加热设备。

02.0069 二级减压蒸馏 two-stage vacuum distillation

对一次减压蒸馏得到的渣油再一次进行减压蒸馏的系统。

02.0070 湿式减压蒸馏 wet vacuum distillation

通过向减压炉管注入一定量蒸气，并在减压塔底采用水蒸气汽提的方式完成原油减压蒸馏的过程。

02.0071 干式减压蒸馏 dry vacuum distillation

不注入水蒸气，使用传质传热性能好、压降低的金属规整填料，实现高真空度下原油减压蒸馏的过程。

02.0072 加热炉热效率 thermal efficiency of heater

加热炉中被加热介质总吸热量与总供给热量的比值。

02.0073 烟气余热回收 recovery from flue gas

通过一定换热方式，将加热炉烟气携带的热量回收利用的过程。

02.0074 烟气露点 dew point of flue gas

烟气中可冷凝物质开始凝结时的温度。

02.0075 烟气露点腐蚀 flue gas dew point corrosion

燃料中硫在燃烧时生成 SO_2 和 SO_3，当换热面的外表面温度低于烟气露点时，在换热面上遇水形成硫酸雾露珠，导致换热面腐蚀的现象。

02.0076 蒸气抽空器 steam jet pump

由喷嘴、扩压管和混合室构成的一种利用蒸气产生真空的设备。

02.01.04 催化裂化

02.0077 裂化 cracking

在高温或催化剂存在条件下，大分子烃裂解成小分子烃的反应。

02.0078 催化裂化 catalytic cracking

重质油在热和催化裂化催化剂作用下进行的裂化过程。是将重质油转化为汽油、柴油等轻质产品的主要手段。

02.0079 [流化]催化裂化 fluid catalytic cracking, FCC

采用流态化技术，在高温和催化剂作用下，将重质油转化为轻质油品的生产工艺。催化剂在反应器和再生器之间连续流动。

02.0080 提升管催化裂化 riser catalytic cracking

为了适应分子筛裂化催化剂的高活性而开发、使用提升管作反应器的一项炼油工艺技术。具有轻质油收率高、生焦率低、油品安定性好、生产能力高、灵活性大的特点。

02.0081 断链反应 chain breaking reaction

烃类碳链断裂的反应。是热裂化和催化裂化过程的主要反应之一。

02.0082 裂化性能 crack ability

烃类受热可以裂化的倾向和程度。

02.0083 松动气 loosen air

可以促进催化剂流化的补充气体。一般采用空气、蒸气、氮气等。

02.0084 表观堆积密度 apparent bulk density

又称“表观体积密度”“堆积比重”。成堆的颗粒催化剂单位体积的质量。

02.0085 床层密度 bed density

在床层中，单位床层体积中催化剂的质量。

02.0086 最小流化速度 minimum fluid speed

在流化床层中全部催化剂完全处于流态化时流化介质的最低速度。

02.0087 压紧密度 compress density
又称"礅实密度"。衡量催化剂装填数量的一项控制指标。其测量方法是将已知质量的催化剂颗粒置于量筒中,在规定试验条件下,催化剂体积不变时测得的密度。

02.0088 滑落系数 slide factor
催化裂化提升管反应器中,催化剂上行速度低于气体的上升速度时气体线速与催化剂线速之比。

02.0089 沉积速度 deposition velocity
水平输送过程中,当气体速度下降到一定程度时,颗粒在管底沉降时的气速。

02.0090 黏滑流动 stick slip flow
在催化裂化催化剂循环过程中,当固体颗粒向下流动时,气体与固体颗粒的相对速度不足以使固体流化起来时,固粒之间互相压紧、阵发性地缓慢向下移动的形态。

02.0091 形状因子 form factor
又称"球形度"。表示非圆球形颗粒的非球形程度。通常用与颗粒体积相等的球表面积与颗粒实际表面积的比值来表示。

02.0092 表观起始鼓泡速度 apparent incipient bubble velocity
气体通过床层运动,出现第一个气泡而形成鼓泡床状态时的线速度。

02.0093 终端速度 terminal velocity
又称"带出速度""最大流化速度"。在流化床反应器中,从流化过程到气力输送状态的转折点所对应的气流速度。

02.0094 气泡相 bubble phase
在流态化两相模型中,不参加反应的气泡。

02.0095 乳化相 emulsion phase
在流态化两相模型中,除气泡相以外,余下的固体颗粒。包括催化剂、其他物料以及除气泡相以外的气体。

02.0096 筛分组成 size distribution
用标准孔目的筛子将催化剂颗粒按照不同大小筛分,分别称重,计算出其各占总重的百分数。

02.0097 调和平均粒径 harmonic average particle diameter
在流态化中,表示某一大小粒径颗粒群的粒径值。

02.0098 中径 pitch diameter
又称"有效直径"。粒径分布累积值为50%时的粒径。

02.0099 扩展径 extend diameter
粒径分布累积值为84%和16%之差的平均值。

02.0100 气固相对速度 gas-solid relative velocity
气流的真实速度与颗粒受气流作用产生的真实速度之差。在垂直立管中又称为滑移速度或滑动速度。

02.0101 脱气曲线 degasification curve
在流态化反应系统中,脱除催化剂空隙中油气时床层高度随脱气时间的变化曲线。

02.0102 均一颗粒 homogeneous particle
在颗粒群中,粒径大小相等、形状相似的颗粒。

02.0103 非均一颗粒 inhomogeneous particle
在颗粒群中,颗粒粒径等颗粒性质不同的颗粒。

02.0104 剂油比 catalyst to oil ratio
催化裂化装置的催化剂循环量与反应器的总进料量之比。

02.0105 膨胀比 expansion ratio
在流化床中,某流速下,密相流化床层高度与最小流化速度时床层高度之比。

02.0106 脉动因子 fluctuation factor
表示颗粒流化输送过程存在的气泡对输送过程干扰程度的参数。其大小等于颗粒乳化相脱气速度与起始流化速度之比。

02.0107 散式流化床 particulate fluidized bed
在流化床中,固体颗粒脱离接触,均匀分布,颗粒间充满流体,颗粒与流体无集聚时的状态。

02.0108 鼓泡床 bubbling bed
在流化床中,随着表观气速的增大,流化介质气体出现集聚相形成的气泡,在床层表面出现破裂,将部分颗粒带到表面稀相空间时的流化状态。

02.0109 湍动床 turbulent bed
在流化床中,床层内表观气速增大到一定限度时,气泡分裂变小,内循环加剧,表面夹带颗粒量增大,床层界面模糊时的流化状态。

02.0110 快速床 high-velocity bed
在流化床中,气体线速度大、催化剂分散好、气-固接触好、反应速度快时的流化状态。一般用于再生烧焦。

02.0111 密相气力输送 dense phase pneumatic conveying
随着表观气速增大,颗粒密度均一,颗粒悬浮与加速的力等于颗粒静压头,气固两相接近平推流,径向空隙率分布均匀时的床层状态。

02.0112 稀相气力输送 dilute phase pneumatic transport
当流化床到达密相气力输送时,继续增加表观气速,床层摩擦压降大于静压头时的床层状态。

02.0113 催化剂架桥 catalyst bridging
由于催化剂颗粒之间、器壁之间内摩擦系数过大,以致在催化反应器和再生器立管处形成拱形料塞的现象。

02.0114 热崩 thermo-collapsing
在高温或者有其他介质(如水蒸气)存在情况下,由于粒内热应力差,催化剂发生大粒径催化剂崩裂成小颗粒催化剂的过程。

02.0115 分布板临界压降 distribution plate critical pressure drop
分布板能起到均匀分布气体并具有良好稳定性的最小压降。

02.0116 输送分离高度 transport disengaging height
在密相床层以上气体中夹带的固体颗粒浓度基本不变时的高度。

02.0117 饱和夹带区 saturated entrainment area
在流化床稀相段,输送分离高度以上的区域。

02.0118 饱和夹带量 saturated entrainment quantity
输送分离高度处的固体颗粒浓度。

02.0119 [旋风分离器]临界粒径 critical particle size for cyclone
又称"[旋风分离器]当量直径"。理论上能从气体中以100%的效率分离出来的最小催化剂粉尘粒子的直径。

02.0120 夹带速率 entrainment rate
气泡离开密相床层时,流化气体从床层中所携带固体颗粒的质量流率。

02.0121 噎塞流动 choking flow
气固流化状态下提高气速,在进入输送状态前出现节涌的非正常过渡状态。

02.0122 非噎塞流动 un-choking flow
固体颗粒在操作气速大于噎塞速度时的流动方式。

02.0123 噎塞速度 choking velocity
在垂直输送的气固流动中出现腾涌时的表观气速。

02.0124 噎噻点 choking point
垂直输送的气固流动中，在相图上出现腾涌时气速对应的点。

02.0125 立管输送 standpipe transfer
固体催化剂颗粒垂直向下流动的输送方式。

02.0126 斜管 sloping pipe
并列式催化裂化装置中用于输送催化剂的管路。分为再生催化剂斜管和待生催化剂斜管。

02.0127 淹流管 submerged flow tube
再生催化剂导出再生器的设备。设在密相床较高处称为高淹流管，设在密相床内较低位置的称为低淹流管。

02.0128 料封 material seal
用于旋风分离器料腿防止气体反窜的一种密封方式。是将料腿插入流化床层内，靠料层进行密封。

02.0129 腾涌 slugging
又称“气节”。鼓泡流化床中气泡互相聚集到和床径一样大，形成一层气泡、一层固体颗粒相的现象。

02.0130 惯性分离器 inertial separator
利用颗粒和气体快速转向时，由于两者密度不同而运动轨迹不同的原理，实现油气与催化剂分离的设施。

02.0131 碳正离子 carbocation
含有正电荷的三价碳的活性中间体。

02.0132 氢转移反应 hydrogen transfer reaction
正碳离子从“供氢”分子中抽取一个负氢离子生成一个烷烃，“供氢”分子形成一个新的正碳离子的反应。

02.0133 β位断裂 beta-scission
按照正碳离子反应机理，在正碳离子的第2、第3碳原子间发生C—C键断裂，生成一个烯烃和一个较小的新正碳离子的过程。

02.0134 回炼比 recycle ratio
又称“循环比”。炼油装置中回炼油(含油浆)与新鲜原料油量之比。

02.0135 固定流化床 fixed fluidized bed
利用气体或液体通过颗粒状固体层而使固体颗粒处于悬浮运动状态并进行气固相或液固相反应过程的床层。

02.0136 减活速率 deactivation rate
催化剂活性随催化剂在失活环境中停留时间的延长而衰减的变化率。

02.0137 水热稳定性 hydrothermal stability
催化裂化催化剂在工业应用时，在高温和水蒸气存在下，结构不受破坏并保持足够平衡活性能力的性质。

02.0138 二次裂化 secondary cracking
烃类在裂化或裂解过程中裂化的产物继续发生裂化反应生成更小分子的过程。

02.0139 油浆 oil slurry
催化裂化分馏塔底部抽出的带有催化剂粉末、含大量稠环芳烃的重油。

02.0140 澄清油 clarified oil
催化裂化分馏塔底油浆经沉降分离催化剂粉末后，从沉降器上部排出的油料。带有少量催化剂粉末，含较多稠环芳烃。

02.0141 [焦]炭堆积 carbon buildup
流化催化裂化过程中，当反应生焦量超过再生器烧焦能力时，再生催化剂上的焦炭量逐渐增多，以致催化剂上积炭增至很高数值的现象。

02.0142 再生烟气 regenerator flue gas
催化裂化再生器中主风与待生催化剂上的焦炭发生焦炭燃烧反应所生成的高温气体。

02.0143 同轴式催化裂化装置 coaxial fluid catalytic cracking unit, coaxial FCCU
反应器(或沉降器)与再生器上下叠置在同一轴线上的催化裂化装置。

02.0144　同高并列式催化裂化装置　parallel side-by-side configuration type FCCU

反应器与再生器标高接近、操作压力接近的催化裂化装置。

02.0145　反应–再生系统　reaction-regeneration system

催化裂化的反应过程与催化剂再生过程所构成的工艺系统。

02.0146　主风机　main air blower

催化裂化装置中为催化剂再生提供空气的鼓风机。

02.0147　吸收–稳定系统　absorption-stabilization system

将炼油工艺过程产生的富气中的气体与汽油(或石脑油)组分分开,并将气体中的液化气和干气初步分离的系统。包括吸收过程、解吸过程和稳定过程。

02.0148　催化裂化原料雾化　FCC feedstock atomizing

催化裂化装置中,将预热后的原料油经过高效雾化喷嘴,以高度分散状态均匀地与催化剂接触的过程。

02.0149　催化剂预提升段　pre-lifting zone for catalyst

在提升管反应器底部,利用催化裂化预提升介质(蒸气或干气),使再生催化剂向上进入预加速的区域。

02.0150　钝化作用　passivation

通过加入钝化剂或其他工艺手段,降低沉积于催化裂化催化剂上的镍、钒等重金属毒性的过程。

02.0151　快速分离系统　rapid separation system

安装在催化裂化提升管出口使裂化油气与催化剂快速分离的设备。

02.0152　终止剂　reaction terminating agent

在提升管特定区域控制提升管内混合物温度和反应深度的介质。

02.0153　两段提升管反应器　two-stage riser reactor

一般指设置有串联的两个反应区的提升管反应设备。也包括为反应中间产物物流接力反应所设置的双提升管反应设备。

02.0154　双提升管反应器　dual-riser reactor

分别在两根提升管中进行反应的催化裂化反应设备。

02.0155　低碳烯烃　light olefins

碳原子数在 2 ~ 4 之间的烯烃。即乙烯、丙烯和丁烯等小分子烯烃的总称。

02.0156　汽提挡板　stripping baffle

用于催化裂化沉降器汽提段、改善待生催化剂汽提效果的装置。有环形、开孔形、伞形、人字形等多种。

02.0157　集气室　plenum chamber

用于汇集油气或烟气的腔体。分为内集气室和外集气室两种。

02.0158　防焦蒸气　steam for anticoking

为防止油气在沉降器顶部死区停留时间过长造成结焦而通入的蒸气。

02.0159　T 型快分　T-type separator

提升管与惯性分离器呈 T 型布置的快速分离装置。可用于油气与催化剂快速分离。

02.0160　旋流快分　vortex separation system

利用离心作用快速分离油气与催化剂的分离装置。

02.0161　主风分布板　main air grid

使再生空气沿再生器整个床层截面均匀分布的设施。

02.0162　主风分布环　ring type air distributor

催化裂化装置中对再生器主风进行分布的环形管结构。

02.0163 二密相床 second dense bed
在烧焦罐(管)高效再生系统中,烧焦罐(管)上部用于收集催化剂并保持流化的密相流化床。

02.0164 四级旋风分离器 fourth stage cyclone
设置在三级旋风分离器之后,在烟气放空之前对催化裂化再生烟气进行第4次气固分离的设备。

02.0165 烟风比 flue gas/air ratio
烟气量与主风量之比。

02.0166 耗风指标 air consumption
主风量与焦炭量之比。以 m^3/kg 表示。

02.0167 过剩氧 excess oxygen
再生器烧焦后剩余的氧气。

02.0168 J形斜管 J type sloped pipe
再生剂进入提升管的J形结构的斜管。

02.0169 U形管轻腿 U pipe light leg
采用U形管进行催化剂输送时,管内密度相对较小的一侧。

02.0170 U形管重腿 U pipe heavy leg
采用U形管进行催化剂输送时,管内密度相对较大的一侧。

02.0171 催化剂循环量 catalyst circulation rate
裂化催化剂在反应器和再生器之间的循环速率。

02.0172 单段再生 single stage regeneration
使用一个流化床再生器一次完成催化剂烧焦的过程。

02.0173 二次风 secondary air
在燃烧炉中从炉排上部送入的空气。

02.0174 二次燃烧 after-burning
又称"尾燃"。再生器内自催化剂密相进入稀相的烟气中的一氧化碳在氧含量过高时继续燃烧的过程。

02.0175 反吹风 back-blowing air
在催化裂化装置测压系统,为了防止催化剂堵塞测压引管而配置的吹扫气。

02.0176 辅助燃烧室 auxiliary burner
催化裂化装置开工时在其内燃烧燃料,以提高进入再生器的主风温度的设备。

02.0177 富氧再生 rich oxygen regeneration
供给再生器燃烧的主风中含氧量超过正常空气含氧量的再生过程。

02.0178 高压再生 high pressure regeneration
催化剂在较高再生压力下(0.25 ~0.40MPa)的再生过程。

02.0179 鼓泡床烧焦 bubbling bed coke burning
催化裂化催化剂在再生器内以鼓泡床流化状态进行的烧焦过程。

02.0180 管式再生器 riser regenerator
采用提升管式、在提升管的不同高度注入燃烧用主风的催化剂再生器。

02.0181 快速床烧焦 fast bed coke burning
催化裂化催化剂在再生器内以快速流化床的流化状态进行的烧焦过程。

02.0182 两段再生 two-stage regeneration
催化裂化催化剂采用双再生器依次在两个流化床中进行的烧焦再生过程。一段采用贫氧部分燃烧,二段采用完全燃烧的催化裂化再生模式。

02.0183 两器差压 pressure difference of reactor and regenerator
催化裂化装置反应器沉降器和再生器沉降器之间的压力差。

02.0184 膨胀节 expansion joint

通过变形减小壳体、管束的轴向应力,以避免设备或管道因温度变化而膨胀或收缩造成设施的损坏的一种补偿设施。

02.0185 三级旋风分离器 third-stage cyclone separator

为保护烟气轮机,在烟气进入烟气轮机前配置的旋风分离器。

02.0186 烧焦罐 coke burning drum

快速床烧焦的再生器部分。

02.0187 烧焦速率 coke burning rate

再生器单位时间内烧掉的焦炭量。

02.0188 烧焦强度 coke burning intensity

再生器内单位时间内单位质量催化剂烧掉的焦炭量。是表示催化剂在再生器中烧焦的强烈程度的参数。

02.0189 事故蒸气 accident steam

在装置紧急停工或切断进料、切断主风时,为保持相应部位催化剂流化、输送或防止旋风分离器大量催化剂跑损而注入的临时性保护蒸气。

02.0190 同轴式烧焦罐 coaxial fluidized bed combustor

与再生催化剂脱气罐同轴布置的再生器。

02.0191 湍动床烧焦 coke burning in turbulent bed

高温条件下,通入空气使催化剂床层处于湍动床状态,同时氧气与催化剂内焦炭燃烧并恢复催化剂活性的过程。

02.0192 催化剂取热器 catalyst cooler

利用高温催化剂与低温介质换热,从再生器催化剂床层取热,以达到维持反应–再生系统的热平衡的装置。

02.0193 完全燃烧 complete combustion

烧焦过程中利用各种技术手段将生成的 CO 进一步氧化生成 CO_2,保证再生烟气中不含 CO 的过程。

02.0194 循环床催化剂再生 recycle bed catalyst regeneration

以烧焦罐为第一段再生,以密相床为第二段再生,并且第二段再生区内催化剂重新返回第一段再生区的两段再生流程。

02.0195 烟[气轮]机 flue gas expander

利用膨胀做功原理回收来自再生器高温烟气中能量的设备。

02.0196 一次风 primary air

进入辅助燃烧室炉膛,提供燃料初期气化及发火燃烧所需的空气。

02.0197 一氧化碳锅炉 carbon monoxide boiler

位于烟气轮机之后,用于保证烟气中一氧化碳完全燃烧以回收其化学能的设备。

02.0198 再生斜管 sloped pipe of regenerator

并列式催化裂化装置中连接再生器沉降段密相床与提升管底端,并将再生剂传输到提升管底端的斜管。

02.0199 再生立管 standpipe of regenerator

同轴式催化裂化装置中将再生剂从再生器传输到提升管的管路。

02.0200 再生器藏量 catalyst inventory of regenerator

又称“再生催化剂藏量”。再生器中催化剂的储量。

02.0201 再生器催化剂密度 catalyst density of regenerator

再生器内催化剂床层密度。可反映再生器内各床层的流化状况。

02.0202 再生器密相床 dense phase bed of regenerator

再生器内分布器上方的鼓泡床或湍动床。这里的催化剂藏量占整个再生器藏量的大部分,也是再生器烧焦的主要场所。

02.0203 再生器取热 regenerator heat removal
将再生器中多余的热量取出来,发生蒸气以供他用,并维持反应-再生系统的热平衡的一种技术。

02.0204 再生器燃烧油 regenerator burning oil
在再生器催化剂床层中燃烧,进而为反应-再生系统提供热量的油品。

02.0205 再生器稀相 dilute phase of regenerator
再生器内密相床上部直到再生器顶部之间,固体在气流中密度低的区域。

02.0206 再生器溢流管 overflow well of regenerator
设置在再生器密相床表面部位,导出催化剂的漏斗形管子。分为外溢流管和内溢流管。

02.0207 再生塞阀 plug valve of regenerator
同轴式催化裂化装置中位于再生立管底部,用于调节催化剂循环量的阀门。

02.0208 再生温度 regeneration temperature
满足再生器中结焦催化剂烧焦并恢复其活性所需的温度。

02.0209 再生烟气氧含量 oxygen content in regenerator flue gas
再生烟气中氧气的含量。通过调节进入再生系统的主风量来控制。

02.0210 增压风 boosted air
压力高于主风并利用这种压差推动催化剂循环的压缩空气。

02.0211 蒸气过热器 steam superheater
利用再生烟气的热能,通过换热将饱和蒸气加热成为过热蒸气的能量回收设备。

02.0212 主风 main air
由再生器底部进入再生器提供烧焦所需的空气并使再生器、烧焦罐内的催化剂处于流化状态的压缩空气。

02.0213 待生滑阀 spent catalyst slide valve
催化裂化装置上待生斜管上的滑阀。用于控制待生催化剂循环量或切断待生催化剂循环。

02.0214 再生滑阀 regenerated catalyst slide valve
催化裂化装置上再生斜管上的滑阀。用于控制再生催化剂循环量或切断再生催化剂循环。

02.0215 汽提段藏量 catalyst inventory of stripping section
沉降器汽提段中待生催化剂的藏量。是汽提时间的决定因数之一。

02.0216 炭差 delta coke
再生催化剂与待生催化剂含炭量的差。

02.0217 待生催化剂分布器 spent catalyst distributor
待生催化剂经待生斜管或待生立管引入再生器密相段时,使催化剂均匀分配进入再生器密相段的分布设备。

02.0218 三机组 three-machine set
催化裂化装置中由烟机、主风机、电动机(发电机)组成的机组。是烟气能量回收系统的主要单元。

02.0219 四机组 four-machine set
催化裂化装置中由主风机、烟气轮机、电动机(发电机)和汽轮机组成的机组。

02.0220 循环滑阀 recycle slide valve
催化剂循环斜管上控制催化剂流量的滑阀。

02.0221 催化剂内循环 internal catalyst recycle
催化剂由第二再生器通过内溢流管输送回第一再生器或烧焦罐的循环过程。

02.0222 级间冷却蒸气 inter-stage cooling steam

再生器温度过高或出现二次燃烧时，喷在两级旋风分离器之间的冷却蒸气。用于给烟气降温并保护旋风分离器。

02.0223　稀密相温差　temperature difference between dense and dilute phase beds
再生器密相段与稀相段之间温度的差。通常用于判断再生器二次燃烧状况。

02.0224　预热温度　preheat temperature
原料在进入提升管反应器之前被预热达到的温度。是两器热平衡的重要参数之一。

02.0225　贫氧再生　lean oxygen regeneration
再生烟气氧含量<1%(体积)的再生方式。其主要目的是控制烟气氧含量以降低 CO 二次燃烧的风险。

02.0226　两器压力平衡　reactor and regenerator pressure balance
维持反应器、再生器正常运行所需的两器之间的压力关系。

02.0227　半再生催化剂　semi-regenerative catalyst
对于有两段再生器的催化裂化装置，自第一再生器出来的催化剂。

02.0228　重沸器　reboiler
又称“再沸器”。用来加热塔底部分流出物，以提供分馏所需热量和塔底部气相回流的一种加热设备。

02.0229　粗汽油　crude naphtha
未经稳定处理的裂化汽油。过去常把石脑油称为粗汽油。

02.0230　催化裂化分馏塔　fractionator of FCCU
催化裂化反应油气进行馏分分离的板式塔。

02.0231　催化裂化分馏系统　fractionating system of FCCU
催化裂化反应油气按沸点范围分割成符合规定要求的富气、粗汽油、轻柴油、重柴油、回炼油、油浆等的分馏体系。

02.0232　催化裂化装置热平衡　heat balance of FCC unit
反应器消耗热量与再生器提供热量之间的平衡关系。

02.0233　单塔吸收-解吸流程　single tower process of absorption and desorption
催化裂化油气中 C_3、C_4 组分在汽油中吸收和解吸过程在一座塔内进行的流程。

02.0234　顶回流　top-reflux
从分馏塔顶部某层塔盘上抽出液体，在塔外经冷却后，再返回该塔的最上一层塔盘，如此形成的循环回流。

02.0235　富气　rich gas
催化裂化分馏塔顶油气在油气分离罐后、气体吸收前，含有大量乙烷以上液化气组分的气体混合物。

02.0236　高低并列式催化裂化装置　high and low side-by-side type FCCU
沉降器标高高于再生器、两器并列的催化裂化装置。

02.0237　回炼油　heavy cycle oil
又称“重循环油”。催化裂化产品中 343～500℃的馏分油。

02.0238　干气带油　entained gasoline in dry gas
催化裂化干气中夹带有 C_5^+ 组分。主要是由再吸收塔液位控制失灵、操作不正常、设备故障或者冲塔造成。

02.0239　结盐　salt formation
分馏塔塔内介质中所含的 NH_4^+、NH_3 与 H_2S、RSH、HCl、HCN 等生成盐类结晶析出的过程。通常发生在分馏塔的顶部的塔盘上、降液管内、抽出槽，以及塔顶系统的管线内壁和冷却器内。

02.0240　催化裂化解吸塔　desorption tower
塔底设有重沸器，用于脱除吸收液中 C_2 组分的解吸塔。

02.0241 两段提升管催化裂化 two-stage riser fluid catalytic cracking

油气在第一段提升管内反应至一定程度后分离出待生催化剂后,进入第二段提升管与再生催化剂接触继续反应的催化裂化反应形式。由中国石油大学开发。

02.0242 凝缩油 condensed oil

又称“凝析汽油”。催化裂化富气经压缩机压缩后,富气中大分子烃类冷凝而形成的液相烃类。

02.0243 原料雾化喷嘴 feedstock atomizing nozzle

将油料雾化并喷入提升管反应器的设备。

02.0244 汽提器 stripper

安装在催化装置沉降器下部,用水蒸气汽提催化剂孔道中吸附油气的设备。

02.0245 汽油脱臭 gasoline sweetening

汽油等轻质油品脱除硫醇的过程。方法有氧化脱臭法、抽提脱臭法、催化氧化法以及铜分子筛选择吸附法。

02.0246 轻柴油 light diesel oil

200~350℃的石油馏分,用作生产车用柴油及普通柴油的原料。

02.0247 三通合流阀 three-way converging control valve

在总流量不变的情况下,通过调节换热器冷热流比例调节换热器出口温度的阀。

02.0248 生焦因子 coke factor

常规微反活性评价中,相同转化率时平衡催化剂生焦量与标准催化剂生焦量之比。

02.0249 吸收-解吸双塔流程 absorption and desorption dual-tower process

催化裂化油气中 C_3、C_4 组分在汽油中的吸收和解吸过程分别在两座塔内独立进行的流程。

02.0250 塔底回流 bottom pump around

分馏塔底油浆分出一部分进行冷却后,再返回塔中,形成的塔底循环回流方式。

02.0251 碳四馏分 C_4 fraction

含 4 个碳原子的烷烃、烯烃、二烯烃和炔烃的混合物。来源于天然气、炼厂气和裂解气,用作燃料和化工基础原料。

02.0252 脱过热段 deoverheating section

设在分馏塔进料下部,塔底设油浆循环回流,冷却过热油气并洗涤除去催化剂的区域。

02.0253 稳定汽油 stabilized gasoline

通过稳定塔把粗汽油中绝大部分 C_3、C_4 分出以后,蒸气压符合成品汽油规格的汽油馏分。

02.0254 稳定塔 stabilizer

从油料中脱除轻质烃以改善油品储存安全稳定性的分馏塔。

02.0255 再吸收塔 re-absorber

以轻柴油进一步吸收贫气中 C_3、C_4 及汽油组分的二次吸收塔。

02.0256 中段回流 mid-pump around

在分馏塔中部侧线产品抽出板的下面几块塔板上抽出液体,并经换热冷却返回侧线抽出板的下面一层形成的中段循环回流。

02.0257 重柴油 heavy diesel

沸程较高的重质石油馏分(通常用常压三、四线)。可用于生产中速或低速柴油机(转速低于 1000r/min)燃料。

02.01.05 加 氢

02.0258 催化加氢 catalytic hydrogenation
石油馏分在一定的反应温度、氢气压力和有催化剂存在的条件下,所进行的加氢反应过程。

02.0259 加氢作用 hydrogenation
在氢气存在并参与反应的情况下发生的化学反应。

02.0260 液相加氢 liquid phase hydroprocessing
氢气预先按溶解度数量溶于进料和循环物流混合液体中进入反应器的液固两相加氢工艺。

02.0261 加氢转化 hydroconversion
石油馏分在临氢条件下催化加工过程的通称。主要有加氢处理和加氢裂化两大类。

02.0262 化学氢耗量 chemical hydrogen consumption
石油加氢过程中化学反应消耗的氢气量。

02.0263 总氢耗量 total hydrogen consumption
加氢过程中在化学反应、溶解损失、设备漏损和废氢排放损失四个方面耗氢的总和。

02.0264 尾氢 tail hydrogen
从高压分离罐顶排放的含氢混合气体(含 H_2S)。经循环氢压缩机增压后可循环使用。

02.0265 排放氢 discharging hydrogen
排放至酸性气管网的、自高压分离罐顶排出的部分含氢混合气。其排放量决定于要求的循环氢的纯度与新氢纯度。

02.0266 氢分压 hydrogen partial pressure
氢气在系统或某一设备内的分压,等于反应总压力乘以气相中氢的摩尔分数。

02.0267 反应飞温 temperature runaway in reaction
加氢反应器反应激烈而造成不受控制的快速升温。任意一点温度超过正常值 30℃,即意味着反应飞温。

02.0268 加氢改质 hydroupgrading
在中压条件下深度提升油品质量的加氢技术。主要处理馏分油和轻质重油。

02.0269 加氢处理 hydrotreating
加氢反应过程中将≤10%的原料油分子变小的加氢技术。通过加氢精制和部分加氢裂化使原料油质量符合下一工序或产品要求。

02.0270 炉前混氢 mixing hydrogen with feedstock at inlet of heater
原料油和氢气在加热炉前混合的方法。经加热到一定温度后进入反应器。

02.0271 炉后混氢 mixing hydrogen with feedstock at outlet of heater
氢气换热后与经加热炉加热后的原料油在反应器入口处混合的方法。

02.0272 炉后混油 mixing feedstock with hydrogen at outlet of hydrogen heater
原料油只经过换热,加热炉单独加热氢气,随后再与原料油混合的方法。

02.0273 一段串联加氢裂化 single-stage hydrocracking in series
两台反应器直接连接,中间没有分离设备的加氢裂化流程。两个反应器的反应温度及空速可以不同。

02.0274 部分循环加氢裂化 single stage hydrocracking with partial-recycle
分馏塔底未转化油部分循环与新鲜进料混合进入反应器继续转化,其余作为尾油出装置的操作方式。

02.0275 全循环加氢裂化 full-recycle hydrocracking

分馏塔底未转化油全部循环与新鲜进料混合进入反应器继续转化的操作方式。

02.0276 单段一次通过加氢裂化 single stage hydrocracking with once through

加氢裂化新鲜进料通过一段或一段串联反应器转化到一定深度(一般转化率为 50% ~ 60%),未转化油不循环使用的操作方式。

02.0277 缓和加氢裂化 mild hydrocracking

采用单段一次通过流程的加氢过程。裂化转化率为 10% ~50% 。

02.0278 临氢加工 hydroprocessing

在氢气气氛中加工的所有工艺过程。如加氢精制、加氢处理、加氢裂化、催化重整等。

02.0279 热高压分离器 hot high pressure separator

在高温高压临氢(含 H_2S)条件下操作的气液分离设备。分离出的气体经换热后进入冷高压分离器,实现油、气和水三相分离。

02.0280 冷高压分离器 cold high pressure separator

在高压临氢(含 H_2S)及较低温条件下操作的气液分离设备。接收冷却后的热高分气进行油、气和水三相分离。

02.0281 低分气 gas from low pressure separator

从低压分离器出来的气体。主要是在低压下释放出来的溶于油中的气体及一些轻质烃。

02.0282 径向温差 radial temperature difference

催化剂床层同一截面上最高点温度与最低点温度之差。径向温差反映物流在催化剂床层里分布的均匀性。

02.0283 质量空速 weight hourly space velocity

单位时间进料质量与催化剂质量之比。反映物料在催化剂床层的停留时间。

02.0284 空间速度 space velocity

在固相催化剂催化反应中,单位时间内进入反应器的原料量与反应器催化剂藏量之比。

02.0285 加氢异构化 hydroisomerization

烃类原料在双功能催化剂和氢气的共存下发生的反应。异构化反应的主要步骤有(加)脱氢、质子化和异构化。

02.0286 泄压孔板 pressure relief orifice

又称"限流孔板"。降低流体压力或限制流体流量的部件。

02.0287 泄压阀 pressure relief valve

又称"安全阀"。受压容器及管道上的一种压力保护装置。

02.0288 气液聚结器 gas-liquid coalescer

用于除去工艺气体中的固体和液体污染物,以保护下游设备和管道以及减少因意外停车造成损失的设备。

02.0289 螺纹锁紧环换热器 screw-lock ring heat exchanger

一端采用螺纹承压环与筒体连接,并与压盖共同承受全部内压载荷及垫片压紧力的管壳式换热器。主要用于加氢装置高压换热器。

02.0290 奥米伽环换热器 Ω-ring heat exchanger

采用 Ω 形的金属环实现管板与管箱法兰、管箱侧法兰之间两处密封的换热器。

02.0291 气液分配器 gas-liquid distributor

能将气液进料均匀分布于催化剂床层的构件。

02.0292 反应器压降 reactor pressure drop

通常指反应器出口物料的压力与入口物料的压力之间的差值。由反应器内构件压降和催化剂床层压降构成。

02.0293 在线置换 online replacement

在装置运转中定期排出反应器中低活性催化剂，加入新鲜催化剂的技术。

02.0294　柴油液相循环加氢　diesel liquid phase recycling hydrogenation

液固两相反应的柴油加氢工艺。无氢气循环系统，靠柴油循环时携带的溶解氢增加新鲜料加氢反应所需要的氢气。

02.0295　催化脱硫　catalytic desulfurization

以脱硫为目的的催化加氢精制油品的过程。

02.0296　器外预硫化催化剂　*ex-situ* presulfidation catalyst

氧化态催化剂在反应器外预处理硫化后的催化剂。

02.0297　器内预硫化催化剂　*in-situ* presulfidation catalyst

在反应器内进行就地预硫化后的催化剂。

02.0298　液时体积空速　liquid hourly space velocity

单位体积催化剂上单位时间通过的液体体积。反映物料在催化剂床层上的停留时间。

02.0299　冷低压分离器　low-pressure cold separator

在低压临氢（含 H_2S）及较低温条件下操作的气液分离设备。接收冷却后的冷高分气后进行油、气和水三相分离。

02.0300　冷氢箱　quench hydrogen box

加氢反应器内热反应物与冷氢气进行混合及热量交换的设备。由混合箱和预分配盘组成。

02.0301　移动床　moving-bed reactor

固体催化剂由反应器顶部进入，随着反应进行，固体物料逐渐下移，由底部连续卸出，流体则自下而上（或自上而下）通过催化剂床层进行反应，是一种气固相或液固相反应过程的反应器。

02.0302　活性恢复　rejuvenation

高活性加氢脱硫催化剂经常规再生后再经过活性组分分散，恢复活性的特殊工艺技术。

02.0303　循环氢　recycle hydrogen

从冷高压分离器出来的气体，经过净化，由氢气循环压缩机升压后循环使用的氢气。

02.0304　密相装填　dense loading

采用特殊分布器设备为固定床定向装填催化剂的技术。可在单位反应器容积中装填更多的催化剂。

02.0305　袋式装填　sock loading

催化剂采用圆筒式长帆布袋的装填技术。逐层倾倒催化剂并耙平。

02.0306　加氢裂化　hydrocracking

在氢气和精制-裂化双功能催化剂存在下，物料转化率≥10%的加氢反应。

02.0307　预硫化　presulfidation

用含硫试剂将催化剂由金属氧化态转为氧-硫-金属状态或纯金属硫化物状态的过程。

02.0308　活性钝化　activity passivation

抑制催化剂初始活性的化学过程。

02.01.06　催 化 重 整

02.0309　重整　reforming

烃类分子，特别是低辛烷值汽油馏分烃分子，在热或催化剂作用下，通过分子结构芳构化重排来提高产品的辛烷值或生产芳烃的过程。

02.0310　催化重整　catalytic reforming

以石脑油为原料，在催化剂作用和临氢条件下进行烃类分子结构重排反应，生产芳烃、高辛烷值汽油并副产大量氢气。

02.0311 热壁反应器 hot wall reactor
内壁不衬绝热材料的加氢反应器。

02.0312 球形反应器 spherical reactor
外形呈球状的反应器。

02.0313 中心管 center pipe
催化重整径向反应器的主要内构件,沿轴向装于反应器中心,具有收集和导出反应产物的功能。

02.0314 扇形筒 scallop cylinder
催化重整径向反应器的主要内构件,沿轴向紧贴反应器壁安装一圈,具有引导和均匀分布原料气流进入催化剂床层的功能。

02.0315 外筛网 cylindrical outer screen
催化重整径向反应器的主要内构件,距反应器壁一定距离处,固定安装一圈筛网,具有引导和均匀分布原料气流进入催化剂床层的功能。

02.0316 重叠式重整反应器 stacked reforming reactor
将催化重整多个反应器布置为轴向重叠的结构形式。

02.0317 并列式重整反应器 side-by-side reforming reactor
将催化重整多个反应器布置为并列的结构形式。中国石油化工集团公司开发的具有自主知识产权的连续重整技术采用该结构形式的排列的反应器。

02.0318 下流式径向反应器 downflow radial reactor
油气从上部(或侧面)入口进入,通过四周扇形筒(或外筛网)径向流经催化剂床层,反应后进入中心管,最后从中心管下部流出的反应设备。

02.0319 上流式径向反应器 upflow radial reactor
油气从下部(或侧面)入口进入,通过四周扇形筒(或外筛网)径向流经催化剂床层,反应后进入中心管,最后从中心管上部流出的反应设备。

02.0320 固定床再生器 fix-bed regenerator
固定床重整催化剂的再生在原反应器内进行,此时反应器也就是再生器。

02.0321 移动床再生器 moving-bed regenerator
重整催化剂在移动中完成烧焦、氧氯化、干燥、冷却等再生步骤的再生器。由径向烧焦段、轴向氧氯化段和干燥、冷却段组成。

02.0322 一段烧焦再生器 one-stage coke-burning regenerator
重整催化剂在一个烧焦区再生的移动床再生器。

02.0323 二段烧焦再生器 two-stage coke-burning regenerator
重整催化剂在两个烧焦区再生的移动床再生器。

02.0324 粉尘收集器 dust collector
收集气流中催化剂粉尘及碎颗粒的设备。

02.0325 氢气脱氯罐 chloride absorber for hydrogen
脱除重整氢中氯化氢的设备。常用两个圆柱形固定床脱氯罐,可串联或并联使用,罐内装低温脱氯剂。

02.0326 氢气增压机 hydrogen booster compressor
将低压氢气压缩到高压,以满足下游其他装置或用户需求的专用压气机。

02.0327 氢气循环压缩机 hydrogen recycle compressor
用来提高循环氢压力以克服系统压降,保证工艺需要的循环气量的压缩机。

02.0328 脱丁烷塔 debutanizer
以脱丙烷塔底物料或 C_5 以下物料为进料,从

塔顶分馏出 C_4 或 C_4 以下,塔底出 C_4 以上馏分的一种轻组分分馏塔。

02.0329 提升风机 lift gas blower
为催化剂提升供风的风机。在连续重整工艺中,催化剂提升使用两种介质,氮气和氢气。

02.0330 除尘风机 catalyst fines removal blower
为淘析器淘析催化剂粉尘和碎颗粒提供气流的循环风机。

02.0331 连续重整再生器 continuous reforming regenerator
待生催化剂在移动中完成烧焦、氧氯化、干燥、冷却等再生步骤的再生器。由径向烧焦段、轴向氧氯化段和干燥、冷却段组成。

02.0332 催化重整闭锁料斗 lock hopper of catalytic reforming
连续重整中实现催化剂分批、可调输送以及环境气氛升压的关键设备之一。

02.0333 烧焦区 coke burning zone
连续重整再生器中催化剂烧焦的区域。

02.0334 氯化区 chlorination zone
再生后的重整催化剂进行氧氯化处理的区域。位于烧焦区下部。

02.0335 干燥区 drying zone
重整催化剂再生后进行干燥处理的区域。位于氯化区的下部。

02.0336 冷却区 cooling zone
进行催化剂冷却处理的区域。

02.0337 催化剂提升器 catalyst lifting
连续重整催化剂循环系统提升(输送)催化剂的关键设备。有罐式提升器和管式提升器两种结构形式。

02.0338 还原区 reduction zone
连续重整中,氧化态催化剂还原为还原态催化剂的工作区域。

02.0339 轴向反应器 axial-flow reactor
反应物料自上而下或自下而上沿轴向流经催化剂床层的反应器类型。

02.0340 催化剂连续再生 catalyst continuous regeneration
连续重整工艺中催化剂连续再生系统的总称。包括烧焦、氧氯化、干燥、冷却、还原等步骤。

02.0341 分离料斗 disengaging hopper
重叠式连续重整再生器上面的待生催化剂料斗。主要功能是待生催化剂的缓冲和存储。

02.0342 半再生式重整 semi-regenerative reforming
催化剂间歇再生的一种固定床重整工艺。

02.0343 循环再生重整 cyclic-regenerative reforming
反应器可以交替切换操作实现催化剂再生的重整工艺。

02.0344 单铂重整催化剂 mono-platinum reforming catalyst
只含铂的重整催化剂。以氧化铝为载体,载有铂(金属组分)和卤素(酸性组分)。

02.0345 双金属重整催化剂 bi-metallic reforming catalyst
铂重整催化剂中添加第二种金属的催化剂。常用的有铂铼重整催化剂、铂铱重整催化剂、铂锡重整催化剂等。

02.0346 多金属重整催化剂 multi-metallic reforming catalyst
双金属重整催化剂中加入第三种(或更多种)金属的催化剂。如铂-锡-稀土重整催化剂、铂-铼-稀土重整催化剂等。

02.0347 低铂重整催化剂 low platinum reforming catalyst
在铂重整催化剂中铂含量接近0.3%(质量),

或者在铂铼催化剂中铂含量接近 0.2%（质量）的重整催化剂。

02.0348 高铼铂比重整催化剂 high Re-Pt ratio reforming catalyst

铂铼催化剂中铼含量与铂含量的比例接近或大于 2 的催化剂。

02.0349 脱氯剂 dechlorinating agent

通过物理或化学吸附方法，脱除气相或液相物流中氯化物的吸附剂。

02.0350 环烷烃脱氢 naphthene dehydrogenation

六元环烷烃脱氢生成芳烃的反应。是催化重整反应中重要反应之一。

02.0351 链烷烃脱氢异构化 paraffin dehydroisomerization

烷烃发生碳链重排而不改变组成和相对分子质量的反应。

02.0352 链烷烃脱氢环化 paraffin dehydrocyclization

烷烃脱氢转化为环烷烃和/或芳烃的反应。

02.0353 五元环烷烃脱氢异构化 C_5 naphthene dehydroisomerization

烷基环戊烷转化为芳烃的反应。是重整过程中重要反应之一。

02.0354 氢解反应 hydrogenolysis

氢气存在下，烃类在催化剂金属中心上发生C—C键断裂和低分子烃类生成的反应。产品中多为甲烷。

02.0355 催化剂贴壁现象 catalyst adherent phenomena

在移动床径向反应器中，当催化剂自上而下轴向移动时，与中心管壁接触以及附近的催化剂出现移动困难的现象。

02.0356 氢烃比 hydrogen to hydrocarbon ratio

又称“氢油比”。在临氢工艺中指氢与烃的比例。常用体积比和摩尔比表示。

02.0357 气油比 gas to oil ratio

标准状态下循环气的体积流率与反应进料的体积流率之比。是临氢工艺的一个操作参数。

02.0358 芳烃潜含量 aromatic potential content

100 份（质量）原料中 C_6 以上的环烷烃全部转化为芳烃的量与原料中已含有的芳烃量之和。是一种催化重整原料油特性指标。

02.0359 芳构化指数 aromatization index

原料的 $N+A$、$N+2A$ 或 $N+3.5A$ 的体积分数。N 为原料中环烷烃的体积分数；A 为原料中芳烃的体积分数。是一种衡量重整原料质量的指标。

02.0360 加权平均入口温度 weighted average inlet temperature

每个反应器床层内催化剂的装填量占总装填量的分数与其进口温度的乘积之和。是表示几个串联反应器平均反应温度的一种方法。

02.0361 加权平均床层温度 weighted average bed temperature

每个反应器床层内催化剂的装填量占总装填量的分数与其进出口温度的平均值的乘积之和。是表示几个串联反应器平均反应温度的一种方法。

02.0362 水氯平衡 water-chlorine equilibrium

用来控制全氯型重整催化剂双功能（金属和酸功能）平衡的重要技术措施。

02.0363 氯化更新 chloridizing revivification

全氯型重整催化剂烧炭后再处理的重要步骤。其目的是补充催化剂流失的氯和使聚集的铂颗粒再分散。

02.0364 重整生成油后加氢 reformate post-hydrogenation

将重整最后一台反应器流出的物料，进入后加氢反应器进行烯烃加氢反应的工艺。可以降低重整油烯烃的含量。

02.0365 芳烃精馏 aromatics fractionation process

将苯、甲苯、二甲苯(BTX)混合芳烃通过精馏分离成各种芳烃的过程。有三塔精馏过程和五塔精馏过程。

02.0366 组合床式重整 combined fix-bed reforming process

前端采用固定床反应器,后部或最末一个反应器采用移动床反应器并设置一套催化剂连续再生系统的一种半再生与连续重整相结合的重整工艺。

02.0367 脱烷基化 dealkylation

烃类在催化剂或加热的作用下发生键断裂而使烷基脱离的反应。是烷基化反应的逆反应。

02.0368 脱氢反应 dehydrogenation

从有机化合物的分子中脱除氢原子的反应过程。

02.0369 脱甲基 demethylation

从有机化合物中脱去甲基($—CH_3$)的反应。

02.0370 预脱砷 pre-dearsenification

一般指脱去重整原料油中的有机砷化物。砷能使很多催化剂严重中毒失活,如重整、裂解C_4加氢和石脑油加氢等催化剂。

02.0371 芳烃分离 aromatics separation

通过多塔精馏分离,或精馏分离与吸附分离(或冷冻结晶分离)组合工艺,将苯-甲苯-二甲苯(BTX)混合芳烃分离成各种芳烃的过程。

02.0372 后精制 post-finishing

石油产品生产过程中的最后精制工艺。作用是进一步脱除产品中残存的硫、氮化合物、游离酸碱及其他杂质,改善油品质量。

02.0373 烧炭 carbon-burning

又称“催化剂再生”。清除催化剂上积炭的一种方法。在氮气循环的条件下引入空气,将催化剂上的积炭烧掉,以恢复催化剂活性。

02.0374 脱戊烷塔 depentanizing column

将C_5馏分(及更轻的组分)与C_6馏分(及更重的组分)分离的精馏塔。

02.0375 蒸发脱水塔 evaporation-dehydration column

利用轻烃与油中水形成共沸物,将水从塔顶蒸出的一种脱除石脑油中水的蒸馏塔。

02.01.07 焦　化

02.0376 焦化 [petroleum] coking

以贫氢的重质油为原料,在高温和长反应时间条件下深度热裂化和缩合反应,将原料转化为气体、液体和固体石油焦产物的过程。

02.0377 延迟焦化 delayed coking

将原料加热到反应温度,高流速、短停留离开加热炉,使焦化反应延迟到在焦炭塔内进行的一种焦化工艺。

02.0378 流化焦化 fluid coking

焦化反应不在焦炭塔内进行,而是在流态化反应器内进行的流态化焦化工艺技术。

02.0379 灵活焦化 flexicoking

在流化焦化装置的基础上,组合一套焦炭气化设备,将流化焦化产生的焦炭转化为燃料气或合成气的过程。

02.0380 焦炭塔 coke drum

用来进行焦化反应和生成焦炭的塔。是延迟焦化装置的核心设备之一。

02.0381 焦化分馏塔 coking fractionator

把焦炭塔顶来的高温油气中所含的组分按其组分挥发度切割成不同沸点范围油品的设备。

02.0382 焦化加热炉 coking heater

快速把工艺介质加热到所需的焦化温度的设备。具有低结焦速率、长周期运行的特点，是延迟焦化核心设备之一。

02.0383 生焦周期 coking cycle
焦炭塔从进油进行焦化反应到停止进料的时间。

02.0384 除焦器 coke cutter
利用高压水射流将延迟焦化装置焦炭塔中焦炭切碎的设备。

02.0385 对流段 convection section
加热炉对流室内高温烟气对流传热的区域。

02.0386 辐射段 radiation section
加热炉辐射室内燃料燃烧和辐射传热的区域。

02.0387 多点注汽 multipoint steam injection
在加热炉炉管多个位置注汽，以增加管内介质流速，降低停留时间。

02.0388 放空系统 blowdown system
用于处理焦炭塔吹汽、冷焦过程中从焦炭塔排出的油气和蒸气的系统。

02.0389 急冷油 quench oil
向焦炭塔顶注入的以控制焦炭塔顶温度、防止油气线结焦的介质。

02.0390 焦池 coke pit
用于储存除焦过程中排出的焦炭和水的混凝土池。

02.0391 加热炉清焦 heater tube decoking
对沉积在加热炉炉管内的焦炭进行清除的过程。

02.0392 焦粉携带 carryover of coke fines
在延迟焦化生产过程中焦粉被焦炭塔内高温裂解的油气携带到分馏塔的现象。

02.0393 哈氏可磨性指数 Hardgrove grindability index, HGI
经可磨性测定仪测定、衡量生焦和煅烧焦硬度的指标。

02.0394 冷焦水 coke quench water
用于切焦前冷却焦炭塔内的高温焦炭的冷却水。

02.0395 联合循环比 combined feed ratio
新鲜原料油量和循环油量之和，与新鲜原料油量的比值。

02.0396 裂化温度 cracking temperature
发生热裂化反应所需的温度

02.0397 零循环比操作 zero recycle operation
焦化循环比为零的操作。

02.0398 低循环比操作 low recycle operation
焦化循环比小于 0.10 的操作。小于 0.05 时称为超低循环比操作。

02.0399 馏分油循环 distillate recycle
采用焦化蜡油进行循环的过程。

02.0400 暖塔 drum warm-up
利用生焦操作塔的高温油气对除焦后的焦炭塔进行预热的过程。

02.0401 泡沫高度 foam height
焦炭塔在成焦过程中，大部分稠环芳烃聚焦在焦炭层顶部，经气体鼓动形成泡沫层的高度。

02.0402 切焦 coke cutting
利用除焦器在塔内上、下往复运动，将焦炭塔内焦炭切割、破碎的过程。

02.0403 切焦水 coke cutting water
又称“除焦水”。用于水力除焦的高压水。

02.0404 切焦喷嘴 coke cutting nozzle
除焦器中用于喷射高压水射流以切割焦炭的喷嘴。

02.0405 污泥回炼 injecting sludge into coke drum
将炼油厂污泥加热后直接送入焦炭塔进行回

炼的措施。

02.0406 双面辐射加热炉 double-fired heater
炉管布置在炉膛中间,管排两侧布置燃烧器,火焰及热烟气对炉管呈双面辐射传热方式的加热炉。

02.0407 有井架除焦 hydraulic decoking with derrick
以井架为基体,钻机绞车安装于井架底部两侧的除焦方式。

02.0408 无井架除焦 hydraulic decoking without derrick
不以井架为基体,利用高压胶管代替钻杆的除焦方式。

02.0409 除焦钻杆 drill stem
水力除焦系统中钻孔用套管。

02.0410 水涡轮 water driven turbine
水力除焦时,用以带动切焦器旋转的机械。

02.0411 除焦水泵 water jet decoking pump
延迟焦化除焦用的高压水泵。

02.0412 焦炭塔挥发线 coke drum over-head line
焦炭塔中反应生成的油气经焦炭塔顶逸出进入分馏塔所经过的塔顶管线。

02.0413 焦炭塔充油高度 coke drum filling height
焦炭塔生焦高度和泡沫层高度之和为充油高度。表示物料在焦炭塔中到达的位置。

02.0414 水冷 water quenching
当焦炭塔降到一定温度后,通过给水继续冷却焦炭的过程。

02.0415 水力除焦 hydraulic decoking
利用高压水将焦炭切割、破碎,使其与塔壁脱离,靠自重下落排出焦炭塔的过程。

02.0416 塔切换 drum switching
一个焦炭塔生焦周期结束后,将加热炉出料切至另一个空塔进行生焦的过程。

02.0417 停工除焦 off-stream decoking
在焦化装置停工检修时对焦化炉炉管进行除焦的操作。

02.0418 吸收稳定 absorption and stabilization
把分馏系统压缩过的富气分离为干气、液化气和稳定汽油等合格产品的过程。

02.0419 洗涤段 washing zone, washing section
位于焦化主分馏塔底部,主要作用是将从焦炭塔来的高温气体用循环油进行冷却和洗涤。

02.0420 焦化循环比 recycle ratio in delayed coking
循环油量和新鲜原料油量的比值。是对延迟焦化装置处理能力、产品性质及其分布都有影响的重要操作参数。

02.0421 焦化循环时间 coking cycle time
延迟焦化装置的工作周期。包括进油、生焦、切换、吹汽汽提、水冷却、除焦、试压、油气预热等。

02.0422 焦化循环油 coking circulating oil
在焦化过程中返回加热炉进行循环裂化或焦化的蜡油。

02.0423 在线清焦 online spalling
在不停炉情况下,利用焦层和管材不同的膨胀系数,通过不断的冷却和升温循环,促成焦层和管壁分离,从而除去炉管内沉积的焦炭的过程。

02.0424 在线烧焦 online steam-air decoking
在不停炉情况下对炉管内结焦分区通蒸气和空气进行燃烧予以清除的过程。

02.0425 振实密度 vibrated bulk density, VBD
一定粒度范围的石油焦粒,在规格化的量筒内振动测定得到的密度。

02.0426 蒸气吹扫 steam to blow down

焦炭塔生焦完毕后，开始除焦前，焦炭塔泄压并向塔内吹蒸气进行汽提和冷却焦炭的步骤。

02.0427　蒸气剥焦　steam spalling

利用焦层和管材不同的膨胀系数，通过高速流动的水蒸气不断的冷却和升温循环，使焦层和管壁分离，从而除去炉管内沉积的焦炭的过程。

02.0428　料位计　level gauge indicator

用于测量焦炭塔内焦炭、泡沫层和冷焦水料位高度的设备。通常采用中子料位计。

02.0429　自动卸盖机　automatic unheading system

靠控制系统和液压系统实现焦炭塔顶盖、底盖自动开合的装置。分为自动顶盖机和自动底盖机。

02.0430　焦化气体　coking gas

焦化装置得到的气体产品的总称。

02.0431　焦化汽油　coking naphtha

又称"焦化石脑油"。延迟焦化过程生产得到的初馏点至180℃或205℃的馏分。

02.0432　焦化柴油　light coking gas oil, LCGO

延迟焦化过程生产得到的180～350℃的馏分。

02.0433　焦化蜡油　heavy coking gas oil, HCGO

延迟焦化装置的中间馏分（相当于重瓦斯油）产物。可作为催化裂化或加氢裂化的原料。

02.0434　超重焦化蜡油　ultra-heavy coking gas oil, UHCGO

采用超低循环比或零循环比操作时得到的重质焦化蜡油产物。

02.0435　石油焦　petroleum coke

渣油原料在焦化装置中进行深度裂解缩合得到的黑色固体或粉末。

02.0436　海绵焦　sponge coke

又称"普通焦"。延迟焦化装置在正常操作条件下所生产的固体产物。外观为黑褐色、多孔，如海绵状。

02.0437　弹丸焦　shot coke

又称"球形焦"。延迟焦化装置在高沥青质原料和高温操作条件下所生成的焦炭。形如弹丸、表面坚硬少孔。

02.0438　针状焦　needle coke

延迟焦化装置利用富含芳烃原料，在特定条件下所生产的，外观具有明显的针状或纤维状纹理结构的焦炭。

02.0439　高硫焦　high sulfur content coke

硫含量大于4%的石油焦。

02.0440　燃料焦　fuel grade coke

用作普通锅炉、循环流化床锅炉和水泥生产中燃料的石油焦。一般为含硫焦或高硫焦。

02.0441　焦炭塔裙座　coke drum skirt

支承焦炭塔壳体的部位。

02.0442　锻焊结构裙座　forge welding structural skirt

采用锻焊结构构件，与大型容器底部封头焊接连接的裙座。其焊接连接处的应力集中系数较其他形式裙座小，故多用于大型延迟焦化装置的焦炭塔。

02.0443　真实循环比　real recycle ratio

循环油量与实际返回到加热炉辐射段的新鲜原料油量之比。

02.0444　生焦高度　coke fill height

延迟焦化焦炭塔内生产操作周期内焦炭的填充高度。

02.0445　空高　drum outage

焦炭塔的总高减去生焦高度和泡沫层的高度。

02.0446　四通阀　four-way switch valve

焦化装置中焦炭塔底进料管线的一个阀门。有4个连接口，分别是辐射油进2个焦炭塔的入口、辐射油自加热炉来和去开工线接口。

02.0447 阻焦阀 block coke valve

延迟焦化装置中焦炭塔上装在紧靠塔壁的预热循环短管上的专用阀门。焦炭塔生焦时关闭,焦炭塔进行油气预热时打开,使油气循环。

02.0448 冷焦水密闭处理技术 close-loop treatment of coke cooling water

采用密闭系统处理焦化装置切焦时产生的带焦粉的冷焦水的工艺。

02.01.08 减黏裂化

02.0449 高黏度渣油 high-viscosity residue

经过常减压装置蒸馏分离后得到的黏度较高的重油。渣油的 100℃ 运动黏度大于 $1000mm^2/s$。

02.0450 管式减黏裂化 coil visbreaking

渣油在加热炉反应炉管中进行热裂化反应的减黏裂化技术。特点为高温短停留时间。

02.0451 延迟减黏裂化 delayed visbreaking

减压渣油原料在延迟减黏罐中停留一定的时间,而达到黏度下降目的的一种浅度热裂化技术。

02.0452 上流式减黏 soaker type visbreaking

反应物料出加热炉后自下而上在反应器内流动的浅度热裂化工艺。

02.0453 轻度热裂化 mild thermal cracking

反应深度较浅的减黏裂化过程。特征是不产生明显的焦炭。

02.0454 渣油轻质化 residue upgrading

利用脱碳、加氢等渣油加工工艺,将劣质渣油转换为各种轻质油品的过程。

02.0455 减黏裂化加热炉 visbreaking furnace

提供反应所需的热量,也可在反应炉管中进行裂化反应的加热炉。

02.0456 减黏分馏塔 visbreaking fractionator

对减黏后产物按沸点不同进行分离的设备。

02.0457 上流式反应塔 upflow reactor

反应介质在其中从下往上流动的反应器。

02.0458 减黏柴油 visbroken diesel

减黏裂化的柴油馏分。馏程一般在 180 ~ 350℃。

02.0459 减黏石脑油 visbroken naphtha

减黏裂化的石脑油馏分。馏程一般在 90 ~ 210℃。

02.0460 减黏渣油 visbroken residue

经过减黏裂化后黏度下降的渣油。主要用作燃料油。

02.0461 减黏重瓦斯油 visbroken heavy gas oil

减黏裂化的一种馏分。馏程一般在 350 ~ 500℃。

02.0462 减黏反应器 soaker

实现渣油浅度裂化反应过程的设备。可分为炉管式反应器和塔式反应器。

02.01.09 蜕蜡脱油

02.0463 石蜡烃 paraffin

又称"链烷烃"。以正构烷烃为主的碳氢化合物。其通式为 C_nH_{2n+2}。

02.0464 馏分油脱蜡 distillate dewaxing

含蜡馏分的油脱蜡。

02.0465 蜡结晶 wax crystallization

蜡在液体中形成结晶的过程。

02.0466 冷榨脱蜡 cold pressing dewaxing

又称“压榨脱蜡”。通过冷却结晶和压滤的方法将油蜡分离开来的过程。

02.0467 蜡饼 wax cake
冷榨脱蜡过程中留在压滤机滤布上的含油饼状粗蜡。

02.0468 冷榨蜡 cold pressed wax
又称“压榨蜡”。在冷榨脱蜡过程中得到的含油粗蜡。

02.0469 压榨油 filter pressed oil
在冷榨脱蜡过程中得到的脱蜡油。

02.0470 蜡脱油 wax deoiling
含油蜡经喷雾脱油、发汗脱油或溶剂脱油工艺脱除其中所含的油和低熔点蜡,生产石蜡的过程。

02.0471 发汗脱油 sweating deoiling
又称“石蜡发汗”。一种含油蜡缓慢升温的传统脱油方法。有盘式发汗和罐式发汗两种。

02.0472 发汗周期 sweating cycle
在发汗脱油过程中,从熔蜡入罐(盘)冷却到发汗产品熔化退罐(盘)所需的时间。

02.0473 循环发汗 cycle sweating
将发汗脱油高温流出含蜡量约75% ~80%(质量)的蜡(二蜡)作为再次发汗脱油原料进行发汗脱油的过程。

02.0474 发汗蜡 sweated wax
经发汗脱油制取的粗石蜡。

02.0475 发汗油 sweated oil
在发汗脱油过程中得到的蜡下油。

02.0476 喷雾脱油 spray deoiling
将熔化的含油蜡雾化成细小的液滴,在冷气流中固化,并经溶剂逆流抽提,进行脱油的方法。

02.0477 喷雾成型 spray moulding
在喷雾脱油过程中,将熔化原料雾化成细小液滴,在冷气流中固化成型为细小颗粒的过程。

02.0478 溶剂脱蜡 solvent dewaxing
利用溶剂在低温下对油和蜡溶解度的差异进行油蜡分离的脱蜡方法。

02.0479 溶剂脱油 solvent deoiling
与溶剂脱蜡具有相似原理和流程的含油蜡溶剂脱油制取石蜡的方法。

02.0480 酮苯脱油 ketone-benzol deoiling
采用酮苯混合溶剂作脱油溶剂的制取石蜡的方法。

02.0481 酮比 ketone-aromatics ratio
酮苯脱蜡或脱油过程中酮在混合溶剂中所占的质量或体积分数。

02.0482 多点稀释 multiple point dilution
溶剂脱蜡过程中溶剂分多次在套管结晶系统不同温度点加入脱蜡原料中的稀释方法。

02.0483 冷点稀释 cold point dilution
溶剂脱蜡过程中初次稀释溶剂在原料油冷却至凝点以下某点温度时加入的稀释方法。

02.0484 一次全稀释 single point dilution
又称“单点稀释”。在溶剂脱蜡过程中溶剂一次性加入脱蜡原料油中的溶剂稀释方法。

02.0485 预稀释 pre-dilution
溶剂脱蜡工艺加工重质或含蜡较多的原料油时,在冷却之前加入少量溶剂的稀释方法。

02.0486 脱蜡溶剂比 dewaxing solvent-oil ratio
溶剂脱蜡过程中所用总溶剂与脱蜡原料油的质量比。

02.0487 稀释比 dilution solvent-oil ratio
溶剂脱蜡过程中所用稀释溶剂与脱蜡原料油的质量比。

02.0488 冷洗 cold washing
又称“冲洗”。用冷溶剂喷淋真空转鼓过滤机滤布上离开液面的滤饼的操作。

02.0489 冷洗比 cold washing solvent-oil ratio

又称“冲洗比”。溶剂脱蜡过程中过滤机上冷洗所用溶剂与脱蜡原料油的质量比。

02.0490　温洗　warm washing
溶剂脱蜡过程中对真空转鼓过滤机的滤布进行定期或不定期的热溶剂冲洗过程,以保持滤布的过滤性能。

02.0491　脱蜡滤液　dewaxed filtrate
溶剂脱蜡过程中经过滤所得的含有溶剂和脱蜡油的滤过溶液。

02.0492　滤液循环　filtrate recycling
在多段过滤的溶剂脱蜡脱油联合装置中,将脱油第二段含溶剂量大的滤液循环到前一段代替新鲜溶剂使用的方法。

02.0493　蜡膏　petroleum jelly
(1)重质馏分油经溶剂精制和溶剂脱蜡制得的软膏状含油蜡。(2)含蜡油溶剂脱蜡过程中蜡油经结晶和过滤得到的滤饼未脱除溶剂的膏状物。

02.0494　蜡液　wax solution
溶剂脱蜡过滤分离出的含油蜡和溶剂经加热形成的混合溶液。

02.0495　脱油蜡　scale wax
经过发汗或溶剂脱油而未经过精制的粗蜡。

02.0496　脱蜡油　dewaxed oil
含蜡原料经脱蜡后得到的低凝点油。

02.0497　含油蜡　slack wax
未经脱油的含油量较高的蜡。含油量为5% ~30%(质量)。

02.0498　蜡下油　foots oil
含油蜡脱油过程中产生的油和低熔点蜡的混合物。

02.0499　脱蜡温差　temperature difference of dewaxing
溶剂脱蜡中脱蜡油凝点或倾点与脱蜡温度的差值。

02.0500　脱蜡助滤剂　dewaxing filter aid
又称“石蜡结晶改良剂”。改善溶剂脱蜡过程中蜡分子结晶状况的一种高分子化合物。

02.0501　脱蜡溶解剂　dewaxing dissolve agent
溶剂脱蜡所用的混合溶剂中起溶解油作用的苯类非极性溶剂。

02.0502　脱蜡沉淀剂　dewaxing precipitant
又称“抗蜡剂”。溶剂脱蜡所用的混合溶剂中起降低蜡溶解度作用的酮类极性溶剂。

02.0503　脱蜡温度　dewaxing temperature
溶剂脱蜡过程中油蜡分离时的过滤温度。

02.0504　脱油温度　deoiling temperature
溶剂脱油过程中油蜡分离时的过滤温度。

02.0505　脱蜡第二液相　second phase of dewaxing
因混合溶剂中酮比过高和/或脱蜡温度过低,溶剂对油的溶解能力下降而产生的不溶于溶液相的油相。

02.0506　浆化　slurrying
在溶剂脱油过程中,向滤饼中加入溶剂并使两者充分混合的操作。

02.0507　升温脱油　warm-up deoiling
保持大部分蜡结晶原有的固态,仅升温熔化一小部分,然后过滤脱油的过程。

02.0508　重结晶脱油　recrystallization deoiling
将脱蜡时生成的蜡结晶全部熔化后重新结晶,然后过滤脱油的过程。

02.0509　互溶点　miscibility point
酮苯脱蜡混合溶剂因酮含量增加到一定比例,溶剂与液相油组分不能完全互溶出现第二油相时的脱蜡温度。

02.0510　冷反洗　cold backwashing procedure
采用冷溶剂逆过滤方向对溶剂脱蜡的真空转

鼓过滤机滤布进行冲洗的过程。

02.0511 高–低酮稀释 high-low ketone dilution
在酮苯脱蜡的冷却结晶过程中,先采用高酮比溶剂稀释,再采用低酮比溶剂稀释的方法。

02.0512 脱蜡溶剂 dewaxing solvent
溶剂脱蜡过程所用的溶剂。如甲基异丁基酮、甲基乙基酮、丙烷、苯–丙酮等

02.0513 浆化脱油 repulping deoiling
在含蜡油脱油过程中,保持脱蜡时生成蜡结晶的大部分于原有的固态,仅升温熔化其中一小部分,然后过滤分离。

02.0514 石蜡分级过程 wax fractionation process
通过多次溶剂蜡脱油得到不同油含量和不同熔点石蜡产品的连续溶剂蜡脱油过程。

02.0515 脱蜡溶剂干法回收 dewaxing solvent dehydration
在溶剂脱蜡汽提回收溶剂的过程中,用氮气等惰性气体代替水蒸气的回收方法。

02.0516 尿素脱蜡 urea dewaxing
利用油中正构烷烃与尿素形成固体络合物而从油中分离出来的脱蜡方法。尿素脱蜡方法分为干法和湿法。

02.0517 尿素溶液 urea solution
在湿法尿素脱蜡过程中尿素、活化剂和水的混合液。

02.0518 异丙醇尿素脱蜡 isopropanol-urea dewaxing
以异丙醇为活化剂和稀释剂的湿法尿素脱蜡方法。

02.0519 沉降洗涤 settling washing
异丙醇尿素脱蜡络合反应完成后进行的脱蜡液和络合物的沉降分离及络合物洗涤过程。

02.0520 洗油比 washing solvent-feedstock ratio
异丙醇尿素脱蜡过程中络合物洗涤溶剂与脱蜡原料油的质量比。

02.0521 油水比 dewaxed oil solution-water ratio
异丙醇尿素脱蜡过程中脱蜡液水洗时,脱蜡液和洗涤水的质量比。

02.0522 蜡水比 deoiled wax solution-water ratio
异丙醇尿素脱蜡过程中蜡液水洗时,蜡液和洗涤水的质量比。

02.0523 分子筛脱蜡 molecular sieve dewaxing
利用 5Å 分子筛从馏分油中吸附分离出正构烷烃的过程。

02.0524 筛油比 molecular sieve-oil ratio
分子筛脱蜡过程中吸附塔内分子筛与一次循环过程中进入吸附塔内的原料油质量之比。

02.0525 筛汽比 molecular sieve-steam ratio
分子筛脱蜡过程中吸附塔内分子筛与一次循环过程中脱附所用的水蒸气质量之比。

02.0526 乳化脱油 emulsion deoiling
先用水将蜡膏乳化,然后冷冻,再离心分离冷乳状液的蜡脱油过程。

02.0527 鼓泡脱蜡 bubbling dewaxing
在溶液冷却结晶过程中通入惰性气体鼓泡的溶剂脱蜡过程。

02.0528 机械脱蜡 mechanical dewaxing
使用机械作用将油与蜡分离的方法。有冷榨法和离心法。

02.0529 正序脱蜡工艺 regular sequence solvent dewaxing process
溶剂脱蜡过程中先进行低温脱蜡,滤饼再升温脱油的脱蜡脱油工艺过程。

02.0530 反序脱蜡工艺 invert sequence solvent dewaxing process

溶剂脱蜡过程中先进行脱油,脱油滤液再降温脱蜡的脱蜡脱油工艺过程。

02.0531 石蜡精制 wax refining
脱油蜡经硫酸精制、白土精制或加氢精制的过程。包括石蜡加氢精制、石蜡白土精制。

02.0532 石蜡成型 wax moulding
将熔化的蜡在专门的成型设备内冷却凝固成一定形状的过程。

02.0533 蜡裂解 wax cracking
以石蜡为原料裂解制烯烃的过程。

02.0534 轻脱沥青油 light deasphalted oil
在两段法丙烷脱沥青过程中,沉降塔顶溶液经回收丙烷得到的残炭值较低的脱沥青油。

02.0535 真空转鼓过滤机 vacuum rotary filter
主要用于润滑油溶剂脱蜡过程的连续式转鼓过滤机。

02.0536 套管结晶器 double-pipe crystallizer
润滑油溶剂脱蜡用的换冷式和氨冷式两种套管结晶设备。

02.0537 蜡过滤机 wax filter
用于从冷却后的含蜡馏分油中分出石蜡的设备。常用的有板框过滤机和真空转鼓过滤机。

02.0538 石蜡发汗装置 wax sweater
用于石蜡发汗脱油的设备。常用的有盘式和罐式两种。

02.0539 发汗罐 sweating tank
用于石蜡发汗脱油的主要设备。其结构近似固定管板式换热器,蜡料在壳程、管程走冷热介质。

02.01.10 烷 基 化

02.0540 烷基化 alkylation
利用加成或置换反应将一个分子转移到另一个有机物分子中的反应过程。

02.0541 液体酸烷基化 liquid acid alkylation
液体浓硫酸或氢氟酸催化异丁烷与丁烯发生烷基化反应生成烷基化汽油的工艺过程。

02.0542 固体酸烷基化 solid acid alkylation
固体酸催化异丁烷与丁烯发生烷基化反应生成烷基化汽油的工艺过程。

02.0543 烷基化工艺 alkylation process
实现烷基化反应全过程的工程技术。包括原料预处理、进料方式、反应、酸催化剂的循环、产物的分离和循环、后处理等。

02.0544 硫酸法烷基化 sulfuric acid alkylation
以浓硫酸作为催化剂的异丁烷与 $C_3 \sim C_5$ 烯烃(主要是丁烯)的烷基化反应工艺过程。

02.0545 多点进料 split olefin feed technology
烷基化工艺中原料烯烃进入反应器的方式。烯烃采用多点注入反应器中,能分散烯烃浓度,减少副反应,提高产品质量。

02.0546 酸耗 acid consumption
生产单位重量烷基化油消耗酸催化剂的量。

02.0547 酸溶性油 acid solution oil
又称“红油(red oil)”。液体酸烷基化反应过程中溶解在酸催化剂中的反应副产物。其组成非常复杂,颜色呈暗红色。

02.0548 氢氟酸法烷基化 hydrofluoric acid alkylation
以氢氟酸作为催化剂的异丁烷与 $C_3 \sim C_5$ 烯烃(主要是丁烯)烷基化反应工艺过程。

02.0549 烷基化反应器 alkylation reactor
特指氢氟酸烷基化采用的垂直提升管式反应器。

02.0550 烷烯比 ratio of paraffin to olefin

烷基化反应物料中异构烷烃与烯烃的摩尔比。

02.0551 苯烯比 ratio of benzene to olefin
苯烃化反应物料中苯与烯烃的摩尔比。

02.0552 酸烃比 ratio of acid to hydrocarbon
烷基化反应器中酸催化剂与反应原料的质量比或体积比。

02.01.11 异 构 化

02.0553 异构化 isomerization
在一定的反应条件和催化剂作用下,有机化合物分子重新排成相应异构体,而不改变其组成和相对分子质量的过程。

02.0554 碳五异构化率 C_5 isomerization rate
戊烷在异构化反应中的转化率。是反映异构化催化剂性能的重要指标之一。

02.0555 碳六异构化选择性 C_6 isomerization selectivity
2,2-二甲基丁烷在产物中己烷组分中的比例。是反映异构化催化剂性能的重要指标之一。

02.0556 碳六异构化率 C_6 isomerization rate
己烷在异构化反应中的转化率。是反映异构化催化剂性能的重要指标之一。

02.0557 裂解率 cracking rate
异构化反应中发生裂解反应转化成小分子(C_1 ~ C_4)的反应产物占总反应产物的比率。

02.0558 脱异戊烷塔 deisopentane column
用于正、异构戊烷分离的精馏塔。塔顶是辛烷值较高的异戊烷组分;塔底是辛烷值较低的正戊烷组分。

02.0559 脱异己烷塔 deisohexane column
用于正、异构己烷分离的精馏塔。分出塔顶异己烷组分、用来循环的正己烷和甲基戊烷侧线组分和塔底组分。

02.0560 分子筛吸附塔 molecular sieve adsorption column
进行正、异构烷烃吸附分离的单元设备。常用在全异构化工艺中,可以最大化生产异构烷烃。

02.0561 进料干燥器 feed dryer
对异构化原料和氢气进行干燥脱水处理的单元设备。常用在低温异构化催化剂反应体系中。

02.0562 脱异丁烷塔 deisobutane column
在丁烷异构化过程中,分离正丁烷和异丁烷的精馏塔。塔顶出异丁烷,塔底出正丁烷。

02.0563 异构化汽油 isomerization gasoline
以碳五、碳六异构烷烃为主的高辛烷值汽油调和组分。具有低硫、无苯、无芳烃、无烯烃的特点。

02.0564 辛烷值敏感度 octane sensitivity
发动机工作条件对汽油抗爆性的感应性。以汽油的研究法辛烷值与马达法辛烷值之差表示。

02.0565 异戊烷油 isopentane gasoline
脱异戊烷塔塔顶产物。其研究法辛烷值可达88以上,可作为高辛烷值汽油调和组分。

02.0566 丁烷异构化 butane isomerization
正丁烷在异构化催化剂上生成异丁烷的反应。

02.0567 戊烷异构化 pentane isomerization
正戊烷在异构化催化剂上进行的异构反应。

02.0568 己烷异构化 hexane isomerization
己烷在异构化催化剂上进行的异构反应。

02.0569 环己烷异构化 cyclohexane isomerization
环己烷在异构化催化剂上发生开环、异构反应生成甲基环戊烷、己烯等产物的反应。

02.01.12 叠　合

02.0570　催化叠合　catalytic polymerization
借助催化剂作用,在较低的温度和较低的压力下实现烯烃叠合的方法。

02.0571　非选择性叠合　non-selective polymerization
用液化气为原料,经催化剂反应得到叠合产物为宽馏分的方法。是丙烯和丁烯混合物的叠合过程。

02.0572　选择性叠合　selective polymerization
采用单一组成原料,如分别用丙烯、丁烯馏分,选择合适的操作条件和催化剂,生产每种特定目标产品的叠合过程。

02.0573　叠合稀释剂　polymerization diluting agent
在叠合工艺过程中,用来稀释原料气体中烯烃浓度的物质。

02.0574　叠合汽油　polymerized gasoline
液化石油气经过非选择性叠合过程得到的叠合产物,再经蒸馏去掉高沸点的多聚物所得的汽油馏分。

02.0575　二聚物　dimer, dipolymer
在叠合、催化和化工等过程中,两个相同烯烃分子的物质。

02.0576　四聚物　tetramer
由4个相同分子聚合而成的物质。如四聚乙烯、四聚丙烯等。

02.0577　烯烃转化率　olefin conversion rate
叠合反应前烯烃浓度与反应后烯烃浓度之差与反应前烯烃浓度的比值。用来表示叠合过程转化率。

02.0578　筒式多段激冷反应器　drum type reactor with multistages chilling
各床层之间用烷烃作为急冷介质以控制温度的多床层的筒式反应器。是叠合工艺第三代反应器。

02.01.13　吸附脱硫 S Zorb

02.0579　S Zorb 工艺　S Zorb technology
在适宜的压力、温度和氢气条件下,使用专用吸附剂在流化床反应器中将催化裂化汽油中所含的硫以金属硫化物形态吸附到吸附剂上,生产超低硫汽油的技术。

02.0580　S Zorb 反应-再生系统　S Zorb reaction-regeneration system
S Zorb 吸附脱硫反应过程与吸附剂再生过程所组成的工艺过程系统。由反应器、再生器、闭锁料斗、程控阀门等组成。

02.0581　S Zorb 反应器　S Zorb reactor
S Zorb 工艺中供原料汽油和吸附剂在其中接触并进行吸附脱硫反应的设备。工业上采用流化床反应器。

02.0582　S Zorb 再生器　S Zorb regenerator
S Zorb 工艺吸附再生的设备。用于脱除待生吸附剂上的硫和炭。

02.0583　S Zorb 反应器接收器　S Zorb reactor receiver
与反应器及闭锁料斗相连,用于收集来自反应器的吸附剂的设备。

02.0584　S Zorb 还原器　S Zorb reducer
用于实现 S Zorb 吸附剂还原过程的设备。

02.0585 再生器接收器 regenerator receiver

用来收集再生器内已完成再生反应的吸附剂的设备。

02.0586 S Zorb 闭锁料斗 S Zorb lock hopper

S Zorb 装置中采用双隔离及放空系统来实现高压烃/氢环境与低压氧环境之间的隔离,保障吸附剂连续循环的设备。

02.0587 反应器过滤器 reactor filter

安装在反应器顶部,用于脱除反应器出口气体中夹带的吸附剂粉末的设备。通常采用烧结金属滤芯制成。

02.0588 再生器过滤器 regenerator filter

安装在再生器顶部,用于脱除再生器出口再生烟气中夹带的吸附剂的设备。

02.0589 再生器取热盘管 catalyst cooler in regenerator

位于再生器吸附剂密相床层,使用水作取热介质取出再生器内过量的燃烧热,以保持再生器在理想的操作温度下运行的取热盘管 。

02.0590 再生器分布管 regenerator sparger

用来均匀气体分布,促进气、固相的接触的再生器中的内构件。

02.0591 反应器分布板 reactor grid plate

用于支撑吸附剂及均匀分布气体,促进气、固相的接触的 S Zorb 反应器中重要内构件。

02.0592 再生器滑阀 regenerator slide valve

S Zorb 装置中用来控制再生器料位和吸附剂循环速率的专用阀门。

02.0593 核料位计 nuclear level detector

利用 γ 射线通过介质时被介质吸收而显示 γ 射线强度减弱的程度来测量料位的仪表。

02.0594 在线分析仪 online analyzer

与工艺管线相连,可在线实时分析测定气体中硫、氧、烃等含量的分析仪器。

02.0595 反吹 blow back

向反应器过滤器内引入高压气体及时清理积存在过滤器表面的吸附剂粉尘的过程。

02.0596 吸附剂藏量 sorbent inventory

装置内经常保持的吸附剂量。

02.0597 吸附剂硫差 delta sulfur on sorbent

待生吸附剂与再生吸附剂上的硫含量的差值。

02.0598 S Zorb 待生吸附剂 S Zorb spent sorbent

参与 S Zorb 吸附脱硫反应后,因吸附了硫和沉积了炭使活性降低、需要送往再生器再生的吸附剂。

02.0599 S Zorb 再生温度 S Zorb regeneration temperature

S Zorb 吸附脱硫工艺中,再生器内吸附剂密相床层的温度。

02.0600 S Zorb 再生空气量 S Zorb regeneration air amount

S Zorb 吸附脱硫工艺中,待生吸附剂在再生器内进行氧化再生所使用的空气量。

02.0601 吸附脱硫 adsorption desulfurization

在 S Zorb 工艺条件下使用专用吸附剂,使汽油中含硫化合物中的硫原子吸附在吸附剂上,实现汽油脱硫目的的工艺。

02.0602 S Zorb 贫氧再生 S Zorb lean oxygen regeneration

通过控制进入再生器内氧气的量来控制吸附剂上积炭的燃烧,同时通过补充氮气维持再生器内的流化状态的过程。

02.0603 S Zorb 再生烟气氧含量 oxygen content in S Zorb flue gas

S Zorb 装置中再生器出口烟气中氧气的含量。

02.0604 吸附剂结块 sorbent caking

S Zorb 装置内吸附剂与水发生反应而生成的块状物。主要成分为硫酸锌和硫酸镍。

02.0605 吸附剂补充速率 sorbent make-up rate

单位时间内向系统中补充加入的新鲜吸附剂的量。

02.0606 再生烟气处理 regeneration flue gas treatment

为达到环保要求,对 S Zorb 工艺含有二氧化硫的再生烟气进行处理的过程。

02.0607 吸附剂储罐过滤器 sorbent storage drum filter

安装在 S Zorb 吸附剂储罐顶部,以避免当氮气或空气流出时夹带吸附剂的过滤器。

02.0608 再生吸附剂粉尘过滤器 fines drum filter for regeneration

安装于 S Zorb 再生吸附剂粉尘罐中,以避免当氮气流出时夹带吸附剂的过滤器。

02.0609 反吹压力比 blow back pressure ratio

反吹气体压力与反应器顶部压力之比。通常需要维持一定的反吹压力比以实现有效的反吹。

02.0610 过滤器迎风面速度 filter face velocity

通过过滤器的气体体积流量与过滤器的表面积的比值。该值的大小能够体现过滤器的处理能力,通常由过滤器厂商提供。

02.01.14 催化蒸馏与醚化

02.0611 催化蒸馏 catalytic distillation

又称"*反应精馏*"。将催化反应和蒸馏分离偶合在一起的单元过程强化技术。

02.0612 催化蒸馏塔 catalytic distillation tower

用于实施催化反应和蒸馏的塔器。一般分为精馏段、反应段和提馏段。

02.0613 催化蒸馏动态模拟 dynamic-state simulation for catalytic distillation

催化蒸馏过程模拟的数学模型中,时间是主要自变量,过程对象的主要参数随时间而变化,参数随时间变化规律常用微分方程组来描述的模拟。

02.0614 板式精馏塔 plate distillation column

逐级接触式气液传质设备。是由壳体、塔板、溢流堰、降液管以及受液盘等部件组成。

02.0615 二元蒸馏 binary distillation

将含有挥发度不同的两种组分的混合物通过蒸馏的方法实现分离的过程。

02.0616 多元蒸馏 distillation of multicomponent mixture

又称"*多组分蒸馏*"。将含有三个或三个以上组分的混合物通过蒸馏的方法实现分离的过程。

02.0617 清晰分割 clean cut separation

多组分精馏中,塔顶产品中只有轻关键组分和比轻关键组分轻的组分,塔底产品中只有重关键组分和比重关键组分重的组分的状态。

02.0618 轻关键组分 light key component

在多组分精馏过程中,规定塔釜馏出液中某个易挥发组分(轻组分)的含量不能高于某一限定值时,塔釜馏出液质量满足要求,该组分称为轻关键组分。

02.0619 重关键组分 heavy key component

在多组分精馏过程中,规定塔顶馏出液中某个难挥发组分(重组分)的含量不能高于某一限定值时,塔顶馏出液产品质量满足要求,该组分称为重关键组分。

02.0620 醚化 etherification

在酸性催化剂存在的条件下,醇分子间的脱水反应或醇与烯烃的加成反应过程。

02.0621 含氧燃料添加剂 oxygenated fuel additive component

用于改善燃料的燃烧性能的含氧有机化合物。主要包括用作汽油高辛烷值调和组分的醚类化合物和醇类化合物。

02.0622 甲基叔丁基醚 methyl tertiary butyl ether, MTBE

汽油的辛烷值改进剂。由异丁烯与甲醇经亲电加成反应生成。

02.0623 甲基仲丁基醚 methyl secbutyl ether

甲醇与正丁烯的醚化产物。是甲基叔丁基醚(MTBE)合成过程中影响 MTBE 纯度的副产物之一。

02.0624 乙基叔丁基醚 ethyl tert-butyl ether

乙醇和异丁烯的醚化反应产物。辛烷值比甲基叔丁基醚(MTBE)高,被认为是甲基叔丁基醚(MTBE)的替代产品之一。

02.0625 甲基叔戊基醚 tertiary amyl methyl ether

叔戊烯与甲醇的醚化反应产物。是安全性好的汽油高辛烷值添加组分之一。

02.0626 甲基叔己基醚 tertiary hexyl methyl ether

异己烯与甲醇的醚化反应产物。是一种很好的汽油高辛烷值添加组分之一。

02.0627 二甲醚 dimethyl ether

由甲醇脱水醚化制得。是一种清洁燃料和燃料添加组分。

02.0628 催化裂化轻汽油醚化 fluid catalytic cracking light gasoline etherivication, FCC light gasoline etherification

催化裂化轻汽油在催化剂作用下与甲醇进行醚化反应,生成甲基叔戊基醚、甲基叔己基醚、甲基叔庚基醚类的过程。

02.0629 醚化原料 etherification feed

可用于生产醚类产品的原料。包括甲醇、乙醇、异丙醇和叔丁醇等醇类化合物,以及丙烯、异丁烯、异戊烯、异己烯和异庚烯等烯烃。

02.0630 醚化原料净化 purification of etherification feed

将醚化原料(醇和烯烃)中影响醚化催化剂活性和寿命的有害杂质(如金属阳离子、碱性氮化物、双烯等)脱除的过程。

02.0631 醚化活性烯烃 reactive olefin for etherification

在通常条件下能与醇进行醚化反应的烯烃。主要包括叔碳烯,如异丁烯、2-甲基-1-戊烯、2-甲基-2-戊烯等。

02.0632 醚化催化剂 etherification catalyst

用于醇脱水和醇烯加成反应的酸性催化剂。如活性氧化铝和沸石分子筛、大孔强酸性离子交换树脂、杂多酸等。

02.0633 强酸性离子交换树脂醚化催化剂 strongly-acidic ion exchange resin etherification catalyst

由苯乙烯-二乙烯基苯在引发剂、致孔剂和表面活性剂等助剂存在下进行悬浮共聚得到白球,再经磺化得到的强酸性大孔树脂小球。

02.0634 分子筛醚化催化剂 molecular sieve etherification catalyst

由合成沸石经交换和其他改性处理得到的醚化催化剂。包括 HZSM-5、Hβ、HY 等沸石分子筛。

02.0635 醚化催化剂毒物 etherification catalyst contaminant

醚化原料中影响催化剂活性和寿命的杂质。包括金属阳离子、碱性氮化物、氰化物、硫化物和双烯等。

02.0636 醇烯摩尔比 molar ratio of alcohol to olefin

醚化反应过程中醇与烯烃的摩尔比。是醚化过程中需要控制的重要操作参数之一。

02.0637 醚化预反应器 etherification pre-reactor
在醚化物生产工艺中,安装于主醚化反应器(催化精馏塔)前的醚化反应器。一般采用固定床反应器。

02.0638 共沸蒸馏塔 azeotropic distillation column
在甲基叔丁基醚合成过程中,用于将甲基叔丁基醚产物与未反应的碳四和甲醇分离的精馏塔。

02.0639 甲醇萃取塔 methanol extraction column
以水为萃取剂将未反应碳四中甲醇脱除的分离塔。

02.0640 甲醇回收塔 methanol recovery column
在甲基叔丁基醚合成工艺中,用于从含有甲醇的水中回收甲醇的精馏塔。

02.0641 化工型甲基叔丁基醚装置 chemical type MTBE unit
以生产高纯度甲基叔丁基醚或脱除碳四中异丁烯为目的的醚化装置。

02.0642 炼油型甲基叔丁基醚装置 refining type MTBE unit
以生产汽油高辛烷值组分为目的的醚化装置。

02.0643 甲基叔丁基醚裂解 MTBE cracking
在固体酸催化剂的作用下分解为异丁烯和甲醇的反应过程。

02.01.15 气体分馏

02.0644 气体分馏 vapor fractionation
又称"气体精馏"。通过精馏的方法,从炼油厂液化石油气中制取纯度较高的单体烃或某类烃的窄馏分的过程。

02.0645 气体分馏热泵工艺 heat pump technology for vapor fractionation
利用热泵原理,将丙烯塔塔顶的丙烯通过压缩提高温位,作为塔底热源,从而节能的气体分馏工艺流程。

02.0646 气体分馏三塔流程 three-tower distillation process
液化气先后经过脱丙烷塔、脱乙烷塔和丙烯精馏塔的分离,得到干气、丙烷、丙烯和 C_4 组分的气体分馏流程。

02.0647 气体分馏四塔流程 four-tower distillation process
在气体分馏三塔流程中增加脱丁烷塔构成四塔流程,以满足下游甲基叔丁基醚、烷基化等装置对 C_4 原料的要求。

02.0648 气体分馏五塔流程 five-tower distillation process
在气体分馏四塔流程基础上,增加碳四分离塔的气体分馏流程。

02.0649 丙烯-丙烷分离塔 propylene-propane separation tower
用于分离丙烷和丙烯混合物的精馏塔。

02.0650 聚合级丙烯 polymer grade propylene
纯度>99.6%的丙烯产品。

02.0651 化学级丙烯 chemical grade propylene
纯度>95%的丙烯产品。

02.01.16 制　　氢

02.0652　水蒸气转化法制氢　hydrogen production by steam reforming

烃类和水蒸气在催化剂床层转化成主要含一氧化碳和氢气的转化气，转化气再经一氧化碳变换和甲烷化提纯后得到产品氢气的工艺技术。

02.0653　部分氧化法制氢　hydrogen production by partial oxidation

利用原料与氧气和水蒸气部分燃烧释放热量制取氢气的方法。

02.0654　轻质原料制氢　hydrogen production with light hydrocarbons as feedstook

以天然气、炼厂干气或轻烃等为原料，用水蒸气转化法制取氢气的方法。

02.0655　重质原料制氢　hydrogen production with heavy hydrocarbons as feedstook

以重油、沥青、水煤浆、干粉煤等为原料，采用部分氧化法，与氧气及水蒸气反应制得含氢气体产物的方法。

02.0656　联合自热式转化技术　combined autothermal reforming technology

在一个反应器中实现蒸气转化和部分氧化的制氢技术。

02.0657　氧化锌法脱硫　zinc oxide desulfurization

以氧化锌为脱硫剂的脱硫方法。普遍用于制氢原料气的脱硫。

02.0658　氧化锰法脱硫　manganese oxide desulfurization

以氧化锰为脱硫剂的脱硫方法。用于制氢原料气的脱硫。

02.0659　一氧化碳变换　carbon monoxide shift conversion

一氧化碳和水蒸气在催化剂作用下生成二氧化碳和氢气的过程。

02.0660　二段变换　two-stage shift conversion

水蒸气转化制氢过程中，将一氧化碳转化为二氧化碳的中温（315 ~ 510℃）、低温（180 ~ 300℃）两段变换过程。

02.0661　耐硫变换　sulfur tolerant shift

转化气中的一氧化碳和水蒸气在耐硫催化剂的作用下生成氢气和二氧化碳的过程。

02.0662　常规法制氢流程　conventional steam reforming

水蒸气转化法制氢工艺中，采用化学吸收和甲烷化对粗氢气进行提纯的流程。

02.0663　变压吸附法制氢流程　pression swing adsorption hydrogen purification process

水蒸气转化法制氢工艺中，采用变压吸附对粗氢气进行提纯的流程。

02.0664　释放气　purge gas

制氢过程中，变换气经过氢气提浓后的排放尾气。

02.0665　甲烷化　methanation

在催化剂作用下，使一氧化碳和二氧化碳与氢作用转化成甲烷和水的过程。

02.0666　碳转化率　carbon conversion

泛指工艺气体中碳总量占入炉总碳量的百分数。

02.0667　脱碳　decarbonizing process

脱除变换气中的二氧化碳，使其含量低于0.3%。是制氢转化气的净化过程之一。

02.0668　水碳比　steam/carbon ratio

水蒸气分子数和原料中碳原子数比。是烃-水蒸气转化过程的一个主要操作参数。

02.0669 转化气 reforming gas
原料气和水蒸气通过转化炉后的生成气。

02.0670 助熔剂 cosolvent
泛指各种可以降低物质熔点的物质。

02.0671 硫穿透 sulfur penetration
在使用脱硫剂进行制氢原料气脱硫时,当脱硫剂床层被床层中的硫所饱和,出口物中开始含硫的现象。

02.0672 硫容量 sulfur capacity
在使用脱硫剂进行制氢原料气脱硫过程中,每单位质量脱硫剂能够吸收硫的质量。

02.0673 夹心层脱硫器 desulfurization reactor with sandwich type catalyst
制氢原料气脱硫用的反应器。脱硫剂由两层氧化锌中间夹一层钼酸钴催化剂组成。

02.0674 转化炉 reformer
在催化剂存在的条件下,将烃类转化为合成气的设备。可分为顶部烧嘴转化炉、侧壁烧嘴转化炉、梯台式转化炉三类。

02.0675 顶部烧嘴转化炉 top-fired reformer
燃烧器布置在辐射室顶部,转化管为单排管双面辐射受热的制氢转化炉。

02.0676 侧壁烧嘴转化炉 side-fired reformer
燃烧器沿炉管长度方向均匀布置。只能用于气体燃料。

02.0677 猪尾管 pigtail
转化炉中连接集合管和反应管并协调热膨胀的管子。

02.0678 集合管 manifold
具有多个开口,上面可以接多个分支管,从而可与多个其他部件相连通的管子。

02.0679 预转化反应器 pre-reformer
在制氢装置中设置在转化炉前的反应器。可使一部分烃类在进入转化炉之前就进行转化,从而减少转化炉的负荷。

02.0680 气化炉 gasifier
以煤、焦炭、渣油或生物质等为原料,以氧气、水蒸气等为气化剂,高温下转化生成合成气的设备。常用于煤炭气化制合成气(H_2+CO)。

02.0681 多喷嘴对置式气化炉 gasifier with opposed multi-burners
在炉体周边同一水平面或多个水平面对称设置两个或两个以上喷嘴,多喷嘴对置的竖式气流床。

02.01.17 润滑油基础油

02.0682 润滑油加氢处理 lube oil hydrotreating
又称“润滑油加氢改质(lube oil hydroupgrading)”。在加氢条件下,润滑油原料脱除杂质、改善黏度指数的加氢工艺。

02.0683 润滑油异构脱蜡 lube oil hydroisodewaxing process
在氢气和贵金属择形分子筛催化剂的存在下,将润滑油馏分中正构烃异构化成支链异构烃,降低其倾点和凝固点的工艺过程。

02.0684 丙烷脱沥青 propane deasphalting
采用丙烷作为溶剂脱除减压渣油中沥青的过程。

02.0685 酮苯脱蜡 ketone-benzol dewaxing
采用丁酮和甲苯等作为混合溶剂,使蜡和油分离的工艺过程。

02.0686 糠醛精制 furfural refining
利用糠醛对润滑油中非理想组分的选择性溶解,将其从油中分离,从而改善油品性能的过程。

02.0687 白土补充精制 clay contact process
又称“白土接触精制”。采用活性白土精制基础油改善油品性能的工艺。

02.0688 废润滑油再生 regeneration for used lube oil
脱除废润滑油中杂质获得不同质量的再生基础油的过程。有物理和化学两类方法。

02.0689 废润滑油再净化 used lube oil purification process
采用物理过程使废润滑油再生的工艺。包括沉降、离心、过滤、絮凝等方法。

02.0690 废润滑油再精制 used lube oil reprocessing
在净化工艺基础上再经过化学精制或吸附精制使废润滑油再生的工艺。如白土精制或硫酸-白土精制等。

02.0691 废润滑油过滤 waste lube oil filtration
通过多孔介质将废润滑油中的固体与油品分离的方法。

02.0692 真空薄膜蒸发器 vacuum film evaporator
在真空和不发生裂化的温度下使液体形成薄膜状回收重质润滑油的蒸发器。

02.0693 旋风式薄膜蒸发器 cyclonic film evaporator
液体进料高速旋转下降形成薄膜而回收基础油的设备。

02.0694 吸附精制 adsorption refining
利用天然或人工合成的具有微小孔道的固体吸附剂吸附油品中极性物质的技术。

02.0695 接触精制 contact refining
将粉末态的吸附剂加入原料中,在选定的温度下搅拌一定时间,然后将吸附剂与油分离的技术。

02.0696 渗滤精制 percolating refining
混合物通过吸附柱吸附剂时,不同物质由于吸附强弱的不同产生色谱分配的效果而分离的技术。

02.0697 化学精制 chemical refining
采用酸、碱、盐等与废润滑油中相应的杂质进行化学反应而将其从废润滑油中除去的工艺。

02.0698 润滑油基础油 lube base oil
尚未加添加剂的润滑油。约占成品润滑油组成的 85% ~100%,分矿物基础油、合成基础油以及植物基础油三大类。

02.0699 溶剂脱沥青油 solvent deasphalted oil
利用丙烷、丁烷等溶剂脱除减压渣油中胶质、沥青质、多环芳烃、重金属等非理想组分的工艺。

02.0700 二次萃取脱沥青工艺 two-stage deasphalting process
通过两次萃取生产脱沥青油作润滑油基础油原料的萃取工艺。

02.0701 丙烷脱沥青转盘萃取塔 rotating disc contactor of propane deasphalting unit
溶剂脱沥青装置用旋转塔盘来强化塔内传质过程提高萃取效率的设备。

02.0702 丙烷脱沥青填料萃取塔 packed extraction tower of propane deasphalting unit
以填料为液液两相接触构件,使液-液两相呈逆流流动连续微分接触式萃取的设备。

02.0703 溶剂临界回收 solvent sub-critical recovery
利用溶剂在临界状态时不溶解油的特性,使抽出液中的油全部析出以回收溶剂的方法。分为临界回收和超临界回收两种方法。

02.0704 糠醛精制油 raffinate oil from furfural refining

通过糠醛溶剂萃取除去大部分非理想组分后，剩余的含烷烃、环烷烃、少环长侧链芳烃等理想组分的减压馏分。

02.0705　糠醛抽出油　extract oil from furfural refining

减压馏分油或溶剂脱沥青油经糠醛溶剂萃取，溶解在糠醛溶剂中被分离出来的润滑油非理想组分。

02.0706　白土精制油　clay refined oil

润滑油料经过溶剂精制和溶剂脱蜡，再与白土接触脱除油中残存油剂和杂质后的油品。

02.0707　美国石油学会润滑油基础油分类　American Petroleum Institute classification of base oils

根据美国石油学会（API）公布的《美国石油学会1509内燃机油登记和认证系统》对润滑油基础油进行的分类。按基础油的组成主要特性分成5类，其中矿物基础油分为Ⅰ～Ⅲ类。

02.0708　费－托合成润滑油基础油　Fischer-Tropsch lube base oil

以费－托合成蜡为原料生产的高档润滑油基础油。

02.0709　溶剂精制中性油　solvent refined neutral oil

以减压蜡油用溶剂精制处理后的润滑油基础油。

02.0710　光亮油　bright stock

以减压渣油为原料，经丙烷脱沥青后的脱沥青油通过常规工艺或加氢工艺生产的基础油。

02.0711　润滑油理想组分　ideal component of lube oil

使润滑油具有良好使用性能的成分。主要是异构烷烃、少环长侧链环烷烃、少环长侧链芳香烃。

02.0712　润滑油非理想组分　nonideal component of lube oil

润滑油基础油中一些不利于润滑油使用性能的化合物。如胶质、沥青质、短侧链稠环芳烃含硫、氮、氧的非烃化合物。

02.0713　聚α－烯烃合成润滑油　poly-alpha olefin synthetic base oil

α－烯烃在催化剂作用下聚合，生成的低聚物经加氢处理、蒸馏等工艺制成的润滑油品。是调制高级润滑油的基础油。

02.0714　通用基础油　general base oil

用于生产通用润滑油品的润滑油基础油。可分为超高黏度指数、很高黏度指数、高黏度指数、中黏度指数、低黏度指数基础油。

02.0715　专用基础油　special base oil

用于生产专用润滑油品的润滑油基础油。可分为高黏度指数深度精制基础油和深度脱蜡基础油，中黏度指数深度精制基础油和深度脱蜡基础油。

02.0716　含氟润滑油　fluorine-containing lubricating oil

含有氟元素的合成润滑油。包括全氟烃、氟氯碳油和全氟聚醚等。

02.0717　催化脱蜡催化剂　catalytic dewaxing catalyst

用于催化脱蜡工艺的含择型分子筛催化剂。分贵金属和非贵金属两种。

02.0718　异构脱蜡催化剂　isodewaxing catalyst

用于润滑油高倾点烷烃进行异构反应降低其倾点的催化剂。分为载铂－SAPO分子筛或铂－ZSM分子筛催化剂两种。

02.0719　糠醛精制溶剂回收　furfural extraction solvent recovery

在润滑油糠醛精制后使油品和糠醛溶剂分离的过程。回收的糠醛溶剂可循环使用。

02.0720　液相脱氮工艺　liquid phase denitrification technology

采用专用的液相脱氮剂与原料油中碱性氮化物发生络合反应脱除碱性氮化物的技术。通常与白土补充精制联合使用。

02.0721 吸附补充精制技术 adsorption refining technology

用专有高效吸附剂在低温下进一步吸附精制上游油品中有害物质的技术。

02.0722 加氢补充精制 hydrofinishing

润滑油基础油生产过程中最终的加氢精制工艺。目的是脱除原料中的微量杂质及部分脱除硫、氮、氧等有机化合物。

02.0723 活性白土 activated clay

经酸活化技术处理的天然白土(膨润土、高岭土等)。是用于润滑油基础油生产的补充精制剂,具有吸附能力强、选择性好的特性。

02.0724 少环长侧链环烷烃 mono cyclic and bicyclic alicyclic hydrocarbons having long side chains

润滑油基础油中带有高碳数烷基侧链的单环和双环环烷烃。倾点低,黏温性和氧化安定性好,是润滑油基础油的理想组分。

02.0725 少环长侧链芳烃 mono cyclic and bicyclic alicyclic aromatics with long paraffine chains

润滑油基础油中带有高碳数烷基侧链的单环和双环芳烃。倾点低,黏温特性和氧化安定性好,是润滑油基础油的理想组分。

02.01.18 润滑油脂

02.0726 在线调和 online blending

连续式管道调和过程。系统根据基础油和添加剂配方自动计算各组分的调和量。

02.0727 自动抽桶投料 drum decanting

桶装原材料的一种加料过程。自动抽取置于电子秤台上的桶装原料至调和罐,具有自动计量、自动清洗功能。

02.0728 皂基润滑脂制备工艺 soap based grease production process

以金属皂稠化剂稠化基础油制备皂基润滑脂的工艺过程。

02.0729 直接皂化法 direct saponification method

在部分基础油存在的情况下,使脂肪或脂肪酸与碱(或碱土)金属的氧化物或氢氧化物进行皂化反应,生成金属皂(脂肪酸盐)并稠化基础油制备润滑脂的过程。

02.0730 铝基脂制备工艺 aluminum based grease production process

通过直接皂化法或复分解法制备铝基润滑脂的过程。

02.0731 复合锂基脂制备工艺 complex lithium grease production process

采用12-羟基硬脂酸锂皂和二元酸锂皂在一定工艺条件下共结晶而形成的复合皂,稠化基础油制备复合锂基脂的工艺。

02.0732 锂基脂制备工艺 lithium based grease production process

在制脂釜中加入长链脂肪酸和氢氧化锂稠化基础油制备锂基脂的工艺过程。

02.0733 钙基脂制备工艺 calcium based grease production process

在制脂釜中加入动植物油和石灰稠化基础油,并用水化工艺处理制备钙基脂的过程。

02.0734 聚脲脂制备工艺 polyurea grease production process

在有机胺-基础油的混合液中加入异氰酸酯与基础油的混合液中进行反应,再经过一定工序生成聚脲脂的工艺过程。

02.0735 膨润土润滑脂制备工艺 production process of bentone grease

以膨润土为稠化剂生成润滑脂的工艺过程。

02.0736 烃基润滑脂制备工艺 hydrocarbon-based grease production process

以石蜡、地蜡等固体烃和基础油为原料,采用凝聚法制备烃基润滑脂的工艺过程。

02.0737 乙烯齐聚法 ethylene oligomerization process

生产聚α-烯烃基础油的方法。先将乙烯聚合成α-癸烯,再将α-癸烯在催化剂作用下聚合,从而获得聚α-烯烃基础油。

02.0738 硅胶润滑脂制备工艺 silica gel grease production process

以改性硅胶稠化基础油(矿物油型或合成油型)制备硅胶润滑脂的工艺过程。

02.01.19 沥　青

02.0739 沥青 asphalt

以沥青质和胶质为主的非烃和烃类混合物。可天然产或在原油加工中生产。

02.0740 沥青饱和分 saturates

沥青中可溶于正庚烷或石油醚的组分。可在规定条件下用正庚烷或石油醚从液固色谱上脱附得到。

02.0741 沥青芳香分 aromatics

沥青中不溶于正庚烷而溶于甲苯的组分。是沥青中胶质、沥青质的分散质。

02.0742 改性沥青 modified asphalt

沥青与改性材料的共混体。

02.0743 沥青可溶质 maltene

在规定实验条件下分离出沥青质后得到的其他沥青组分。

02.0744 沥青质 asphaltene

原油中的沥青质是一种硫、氮、氧和金属(钒+镍)含量很高的大分子稠环芳香族化合物,分子量在1000~3000,在规定条件下不溶于正庚烷而溶于苯或甲苯。

02.0745 沥青配伍性 asphalt compatibility

沥青与一种有机物相互混合达到协调一致的程度。

02.0746 酸渣沥青 acid-sludge asphalt

石油产品经酸洗精制后所剩余的、带酸渣的沥青。

02.0747 稀释沥青 cutback asphalt

在沥青中加入适量液态稀释剂制成的液态混合物。

02.0748 沥青黏度分级 viscosity grading

根据60℃黏度对沥青进行分级的沥青分级系统。

02.0749 沥青针入度分级 penetration grading

根据25℃针入度对沥青进行分级的沥青分级系统。

02.0750 中间相沥青 mesophase asphalt

由重质芳烃类物质在热处理过程中生成的有明显界面的液晶。呈光学各向异性的特征。

02.0751 半氧化沥青 semi-oxidized asphalt

在比较缓和的氧化条件下生产的一种沥青。

02.0752 超临界溶剂脱沥青 supercritical solvent deasphalting

在高于溶剂临界温度和临界压力条件下的渣油溶剂脱沥青工艺。

02.0753 硅藻土改性沥青 diatomite modified asphalt

以硅藻土为改性剂生产的改性沥青。用以提高沥青混合料的高低温性能和抗水损害能力。

02.0754 沥青氧化 asphalt blowing

以减压渣油或溶剂脱油沥青为原料，在一定温度下，通入空气进行氧化，以获得符合各种用途及产品规格要求沥青的生产工艺。

02.0755 溶剂脱沥青 solvent deasphalting process

根据渣油中各种组分在丙烷、丁烷、戊烷等溶剂中溶解度不同，将胶质、沥青质分离出来的抽提过程。

02.0756 脱沥青油 deasphalted oil, DAO

在减压渣油溶剂脱沥青过程中，经选择性溶剂抽提脱除沥青质和部分胶质，降低残炭、硫及重金属等杂质含量的油分。

02.0757 脱油沥青 deoiled asphalt

在减压渣油溶剂脱沥青过程中，不溶于溶剂而沉淀下来的残渣油。

02.0758 直馏沥青 straight asphalt

原油经常减压蒸馏后的渣油不经任何改性过程，可直接作为沥青使用的石油沥青。

02.01.20 脱　　硫

02.0759 硫醇硫 mercaptan sulfur

以硫醇形式存在于轻质油品和液化气中的硫。以折合成硫的数量来表示，测定方法有电位滴定法等。

02.0760 二硫化物 disulfide

通式为 R—S—S—R′（R 和 R′为烷基或芳基）的有机硫化物。

02.0761 活性硫化物 active sulfide

石油和石油气中在常温下即具有腐蚀性的硫化物。主要包括单质硫、硫醇、硫化氢等。

02.0762 非活性硫化物 inactive sulfide

石油和石油气中在通常条件下对金属材料无腐蚀作用的硫化物。如硫醚、二硫化物和噻吩等。

02.0763 脱硫醇 mercaptan removal

将硫醇碱洗生成的硫醇钠催化氧化为二硫化物的工艺。

02.0764 脱硫醇活化剂 mercaptan removal activator

汽油固定床脱硫醇工艺使用的具有表面活性作用的有机碱。

02.0765 磺化酞菁钴 sulfonated cobalt phthalocyanine

酞菁钴的芳环上连有磺酸基的衍生物。用于催化氧化法脱除汽油、喷气燃料及液化气中的硫醇。

02.0766 聚酞菁钴 polyphthalocyanine cobalt

由酞菁环合并构成的高分子化的酞菁钴配合物。通常具有网型和线型结构，在碱液里有良好的溶解性。

02.0767 预碱洗 caustic prewashing

在汽油、喷气燃料和液化气脱除硫醇前，先以氢氧化钠碱液除去其中的硫化氢或胶质的过程。

02.0768 硫醇萃取 mercaptan extraction

用氢氧化钠碱液萃取法脱除油品中硫醇的过程。

02.0769 无碱液脱硫醇 sweetening without caustic solution

采用固体催化剂对轻质油品脱硫醇精制的方法。

02.0770 液–液法脱硫醇 liquid-liquid sweetening

原料油与溶有酞菁钴类催化剂的苛性碱溶液接触,硫醇在油水两相界面上被氧化成二硫化物的方法。

02.0771 固定床法脱硫醇 fixed-bed sweetening

利用固定床反应器脱除原料油中硫醇的工艺。

02.0772 无苛性碱精制组合工艺 alkali-free refining combination process

用脱硫剂和脱硫化氢助剂代替苛性碱的固定床催化氧化法脱硫醇工艺。

02.0773 碱渣 alkali waste

碱洗脱除硫化氢及其他酸性非烃化合物时产生的废碱液。

02.0774 含硫气体 sour gas

含有硫化氢、羰基硫、硫醇等硫化物的气体。

02.0775 净化气 purified gas

经过净化装置处理脱硫后达到一定质量指标的气体。

02.0776 炼厂气脱硫化氢 hydrogen sulfide removal of refinery gas

炼油厂各种排放气脱除硫化氢的过程。包括干法脱硫和湿法脱硫。

02.0777 化学溶剂法脱硫化氢 chemical solvent removal of hydrogen sulfide

硫化氢与水溶性脱硫溶剂反应而被脱除的气体脱硫方法。如醇胺法脱硫。

02.0778 物理溶剂法脱硫化氢 physical solvent removal of hydrogen sulfide

在高压低温条件下利用溶剂或混合溶剂吸收脱除气体中硫化氢的脱硫方法。

02.0779 脱硫吸收塔 absorption tower for desulfurization

采用吸收法从气体中脱除硫化物的设备。多为填料塔,以甲基二乙醇胺(MDEA)为吸收溶剂。

02.0780 脱硫再生塔 desulfurization regenerator

用于从富液中脱除酸性气的设备。再生塔大部分采用板式塔。

02.0781 选择性脱硫 selective desulfurization

在复杂反应过程中单向性增强脱硫(包括硫化氢)反应而抑制其他反应的过程。如汽油的选择性加氢反应。

02.01.21 硫磺回收

02.0782 硫磺回收 sulfur recovery

从酸性气所含的硫化氢中回收硫磺的工艺。

02.0783 克劳斯法硫回收工艺 Claus sulfur recovery process

从含硫化氢的酸性气中回收硫磺的方法。根据酸性气中硫化氢含量高低,包括部分燃烧法、分流法和直接氧化法。

02.0784 克劳斯尾气处理 Claus tail-gas treatment

处理尾气中含有约1%的硫化物的工艺。包括低温克劳斯工艺、选择性催化氧化工艺和还原-吸收工艺。

02.0785 低温克劳斯工艺 low-temperature Claus process

通过在液相或固体催化剂上进行低温克劳斯反应来提高硫转化率的尾气处理工艺。

02.0786 硫回收还原-吸收工艺 reduction-absorption process for sulfur recovery

通过加氢还原-水解吸收方法脱除克劳斯尾气中微量硫化物的处理工艺。

02.0787 选择性催化氧化硫回收工艺 selective catalytic oxidation process

利用催化剂将克劳斯尾气中的硫化氢直接氧化为硫的工艺。

02.0788 液硫脱气 liquid sulfur degassing
脱除克劳斯工艺回收液硫中少量硫化氢的工艺。

02.0789 液硫成型 liquid sulfur molding
将液硫通过硫磺成型设备转变为固体硫磺的工艺。

02.0790 尾气焚烧 off-gas incineration
将硫磺回收装置尾气中的硫化氢和其他硫化物通过焚烧完全氧化为三氧化硫后,再进行排放的工艺。

02.01.22 抽提蒸馏

02.0791 芳烃液液抽提 aromatics liquid-liquid extraction
基于溶剂对芳烃和非芳烃溶解性及选择性的不同,利用抽提和抽提蒸馏相结合的方法从烃类中分离芳烃的物理过程。

02.0792 抽提蒸馏 extractive distillation
根据选择性溶剂对芳烃和非芳烃相对挥发度影响不同的原理,利用萃取精馏分离芳烃的物理过程。

02.0793 溶剂溶解性 solubility of solvent
溶剂对芳烃和非芳烃的溶解能力。

02.01.23 酸性水

02.0794 酸性水 sour water
含有硫化氢、氨和二氧化碳等挥发性弱电解质的水溶液。主要来源于常减压、催化裂化、焦化及加氢等装置。

02.0795 酸性水预处理 sour water pretreatment
在进入汽提塔前,脱除酸性水中气态烃、油或焦粉的预处理过程。

02.0796 酸性水汽提 sour water stripping process
通过水蒸气汽提,脱除酸性水中的硫化氢和氨并回收,同时得到符合要求的净化水的过程。包括单塔工艺和双塔工艺。

02.0797 单塔低压汽提 single tower with low pressure stripping
在尽可能低的单个汽提塔操作压力下,将酸性水中的硫化氢和氨全部汽提出去的过程。

02.0798 氨精制 ammonia purification process
除去酸性水汽提装置产生的富氨气中杂质(硫化氢、二氧化硫、硫醇、酚、烃及水分等)的过程。

02.0799 结晶-吸附工艺 crystallization-adsorption process
基于硫化氢和氨在低温下形成 NH_4HS 和 $(NH_4)_2S$ 结晶的原理来脱除气氨中硫化氢的过程。

02.0800 固定铵 fixed ammonium
以强酸铵盐或弱酸铵盐形式存在的铵盐。如氯化铵、硫酸铵等。

02.0801 酸性气 sour gas
含硫化氢、二氧化碳等组分的气体。这些气体的湿气呈酸性。

02.0802 加氢型酸性水 sour water from hydroprocessing unit
来自加氢装置的酸性水。其硫化氢和氨的浓度较高,其净化水可回用于加氢工艺装置。

02.0803 非加氢型酸性水 sour water from non-hydroprocessing unit

来自非加氢装置的酸性水。其硫化氢和氨的浓度较低,但含有油、酚和氰化物等,其净化水可回用于非加氢型工艺装置。

02.01.24 氢气回收

02.0804 氢气提浓 hydrogen purification

从低浓度含氢气体中得到较高浓度氢气气体的过程。

02.0805 膜分离氢气回收 membrane separation process for hydrogen recovery

利用不同气体分子选择性通过生物膜、有机膜或无机膜等膜结构等,从含氢气体中回收和提浓氢气的技术。

02.0806 变压吸附氢气回收 pressure swing adsorption process for hydrogen recovery

利用吸附剂对不同气体分子吸附性能差异,通过压力变化对吸附剂进行解吸,从含氢气体中回收氢气的技术。

02.0807 低温分离氢气回收 cryogenic process for hydrogen recovery

又称"深冷氢气回收"。在一定的低温下,含氢气体中所有高沸点组分被冷凝为液体而被分离,得到高纯度氢气的过程。

02.01.25 油品调和

02.0808 调和 blending

两种以上的物料或组分混合、搅动和均匀化的过程。调和是油品生产的重要工序,大多数油品都经调和后才能出厂。调和有两种方式,即间歇式罐式调和和管道式连续调和。

02.0809 调和组分 blending component

配制某种油品的各种组分油品。如90#汽油通常由直馏汽油、催化裂化汽油、重整生成油等按一定比例配制而成的,其中的直馏汽油、催化裂化汽油和重整生成油就叫汽油的调和组分。

02.0810 调和油品 blended oil

按照市场需求,用炼油厂生产的馏分油辅以一些添加剂,通过调和所生成的符合国家标准和市场要求的油品。如汽油、煤油和柴油等。

02.0811 油品调和 oil blending

将两种或两种以上不同的石油组分按规定的比例混合均匀,有时还要加入添加剂以改善油品性能,生成新产品的过程。

02.0812 管道调和 pipeline blending

又称"连续调和"。将各组分油与添加剂按不同的比例泵入管道中,通过混合达到均匀状态,进入成品罐储存或直接外运出厂的调和方式。

02.0813 汽油在线调和 online gasoline blending

将各汽油组分和添加剂按一定比例在管道中连续混合并在线实时检测、生产出成品汽油的过程。

02.0814 润滑油调和 lube oil blending

按照产品规格和使用性能要求,将不同黏度的润滑油基础油组分和所需添加剂混合,从而生产出成品润滑油的过程。

02.0815 自动罐式调和 automatic tank blending

利用先进的电子控制程序,将各个组分油罐的各组分油按设定的比例,泵入目的油品的油罐中,并均匀混溶成合格油品的自动化操作。

02.0816 线性调和 linear blending
油品的一些重要指标符合线性叠加原理时的油品调和过程。自变量与变量之间呈线性关系。

02.0817 非线性调和 nonlinear blending
油品的一些重要指标不符合线性叠加原理时的油品调和过程。自变量与变量之间不成线性关系,成曲线或抛物线关系或不能定量。

02.0818 管道混合器 pipeline mixer
又称"管式静态混合器"。利用管道的混合元件,使物料产生分流、交叉混合和反向旋流,达到瞬间混合目的的设备。

02.0819 动态调和 dynamic blending
所有待调和的组分油和添加剂按照预定的比例,经过输油管线直接进入到调和系统,混合均匀后得到产品的过程。

02.0820 静态调和 static blending
待调和的组分油和添加剂按照预定的调和比例,分别送入到调和罐内,再用泵循环、电动搅拌等方式将其混合均匀后得到产品的过程。

02.0821 调和规则模型 blending rule model
描述多种调和组分混合时油品性质变化规律的数学模型。

02.02 催化剂、助剂、添加剂

02.0822 抗泡剂 antifoam additive
抑制或消除油品在使用过程中起泡倾向的化学品。包括硅油和非硅抗泡剂两类。

02.0823 抗氧剂 anti-oxidant
又称"氧化抑制剂(antioxidation additive)"。能提高油品的抗氧化性能和延长其使用或储存寿命的化学品。如2,6-二叔丁基对甲酚。

02.0824 防锈剂 antirusting additive
增强油品抵抗空气中氧、水分侵蚀金属表面生锈的化合物。

02.0825 抗静电剂 antistatic additive
能防止燃油在运输或装卸等过程中产生静电的化合物。

02.0826 十六烷值改进剂 cetane number improver, cetane number booster
能提高柴油的十六烷值、改善柴油着火性能的化学品。如2-乙基己基硝酸酯。

02.0827 防冰剂 anti-icing additive
能防止燃料中微量溶解水在低温下析出冰晶堵塞燃料管道的化学品。包括冰点降低型和表面活性剂型两类。

02.0828 破乳剂 demulsifying agent, demulsifier
又称"抗乳化剂"。能破坏乳状液稳定性、使分散相聚集分离出来的化合物。

02.0829 柴油流动性改进剂 diesel flow improver
用于改善柴油低温流动性能的化合物。可以和柴油中蜡分子发生共晶或者吸附作用,降低柴油的凝点及冷滤点。

02.0830 柴油润滑性改进剂 diesel lubricity improver
改进低硫柴油润滑性的添加剂。在金属表面形成界面膜可以防止金属间相互接触。

02.0831 自由基终止剂 free radical terminator
可以终止燃油中自由基活性的化合物。在燃油中阻止链式反应进行。

02.0832 车用燃料用分散剂 vehicle fuel dispersant

可减少燃料在内燃机中燃烧时生成沉积物的汽油或柴油用添加剂。

02.0833 活性金属组分 active metal component

又称“主金属组分”。固体催化剂中起主要催化作用的金属组分。

02.0834 金属钝化剂 metal deactivator

又称“金属减活剂”。能抑制油品中的活性金属离子对油品氧化的催化作用的物质。

02.0835 抗爆剂 anti-knock additive

能提高汽油辛烷值、减轻汽油在汽油机内发生爆震现象的添加剂。

02.0836 柴油稳定剂 diesel stabilizing agent

由抗氧剂、分散剂、防腐剂、金属钝化剂等一种或几种添加剂组成的复合剂。

02.0837 抗早燃剂 anti pre-ignition additive

防止烃类燃料燃点降低而表面着火的化合物。

02.0838 助燃剂 combustion improver

降低燃油着火温度,增加燃烧速度,促使燃油充分燃烧的添加剂。

02.0839 车用燃料用清净分散剂 detergent-dispersant for vehicle fuel

由清净剂、防锈剂、破乳剂、抗氧剂以及稀释油组成的车用燃料复合剂。

02.0840 摩擦改进剂 friction modifier

又称“减摩剂”。用于缓和温度、压力下工作的摩擦副,在混合润滑开始阶段降低摩擦系数的添加剂。

02.0841 防噪声剂 prevent noise agent

加到润滑剂中的摩擦改进剂。用于减少具有不同材质摩擦副的离合器由振动引起的噪声。

02.0842 抗磨剂 antiwear additive

在摩擦副表面形成有足够黏附性的边界膜,承受载荷,防止摩擦副快速磨损的润滑油添加剂。

02.0843 无灰摩擦改进剂 ashless friction modifier

不含金属元素的摩擦改进剂。如无灰硫磷添加剂。

02.0844 石油添加剂 petroleum additive

以一定量加入油品中,可以加强或赋予油品的某种/某些性能的化学品。

02.0845 润滑油分散剂 lubricating oil dispersant

能使发动机油中易于生成油泥的固体颗粒物、氧化产物等均匀分散于润滑油中,以免其沉积生成油泥的添加剂。如聚异丁烯丁二酰亚胺。

02.0846 极压剂 extreme pressure additive

能减轻高载荷下工作的摩擦副接触表面磨损,防止咬卡和胶合的添加剂。广泛用于各种润滑油脂中。

02.0847 油性剂 oiliness additive

通过物理吸附或化学吸附,在摩擦副接触表面形成边界膜,降低摩擦系数的添加剂。

02.0848 黏度指数改进剂 viscosity index improver, VII

又称“增黏剂”。用于提高润滑油品的黏度和改善黏温性能的油溶性链状高分子化合物。常用的有聚异丁烯、聚甲基丙烯酸酯、乙丙共聚物等。

02.0849 防腐剂 anticorrosive additive

防止石油产品在使用过程中对所接触金属产生腐蚀的添加剂。包括抗氧抗腐剂、酸中和剂和成膜剂三类。

02.0850 缓蚀剂 corrosion inhibitor

又称“腐蚀抑制剂”。防止炼油化工设备金属材质腐蚀的添加剂的总称。以带直链烷烃的高分子胺及其衍生物用得最多。

02.0851 降凝剂 pour point depressant

又称“倾点下降剂”。分子中具有与高熔点烃的齿形链结构相似的烷基侧链,通过吸附或共晶作用改变蜡的结构和尺寸,延缓或防止导致油品凝固的三维网状结晶形成的添加剂。常用的包括烷基萘、聚酯类和聚烯烃降凝剂等。

02.0852 润滑油黏附剂 tackifier for lubricating oil

能提高润滑油在金属表面黏附性的聚合物。如聚异丁烯及烯烃共聚物。

02.0853 密封件膨胀剂 seal swell additive

为防止润滑油系统漏油,使弹性体保持轻微膨胀的添加剂。

02.0854 光稳定剂 light stabilizer

又称“颜色稳定剂”。减轻有机物在日光或紫外光照射下变色的添加剂。

02.0855 润滑脂结构改进剂 grease structure modifier, grease structure improver

又称“结构稳定剂”。改进润滑脂胶体结构,从而达到改进润滑脂的使用性能目的的添加剂。

02.0856 润滑脂稠化剂 grease thickener

润滑脂的主要成分,在基础油中分散形成润滑脂的结构骨架,使基础油被吸附和固定其中,从而减少油的流动性的添加剂。

02.0857 固体润滑添加剂 solid lubricant as additive

具有减轻在载荷下相对运动的固体表面间的摩擦和机械干涉作用的固体物质。

02.0858 复合添加剂 compound additive package

由两个或两个以上不同功能的单剂按照油品性能要求组成的复合物。

02.0859 多效添加剂 multi-function additive

具有同时改善油品多种性能的添加剂。

02.0860 环境友好添加剂 environmentally friendly additive

无致癌物、致基因诱变和畸变物,不含氯和亚硝酸盐,不含除钾和钙以外的金属,生物降解能力大于 20% 的添加剂。

02.0861 内燃机油复合剂 internal combustion engine oil additive package

用于调和内燃机油的复合添加剂。主要由清净剂、分散剂、抗氧抗腐剂等组成。

02.0862 沥青添加剂 asphalt additive

用于改善沥青及沥青制品性能的添加剂。其品种有沥青改性剂、乳化剂、抗剥离剂、抗老化剂、纳米改性剂。

02.0863 沥青改性剂 asphalt modifier

用于沥青或沥青混合料,改善沥青路面使用性能的添加剂。主要为聚合物。

02.0864 流化催化裂化催化剂 fluid catalytic cracking catalyst

用于流化催化裂化床层或提升管催化裂化过程的催化剂。

02.0865 重油裂化催化剂 residue cracking catalyst

又称“渣油裂化催化剂”。加工重质原料油(单独为常压重油、减压渣油或掺有二者)的催化裂化过程的催化剂。

02.0866 超稳 Y 型沸石裂化催化剂 ultra stable Y type zeolite cracking catalyst

把钠离子交换的 Y 型分子筛(NaY)沸石经超稳化改性处理后得到的高硅铝比超稳 Y 型沸石作为活性组分的裂化催化剂。

02.0867 稀土 Y 型沸石裂化催化剂 rare earth Y type zeolite cracking catalyst

把钠离子交换的 Y 型分子筛(NaY)沸石经稀土阳离子改性处理后得到的稀土离子交换的 Y 型分子筛型沸石作为活性组分的裂化催化剂。

02.0868 增加汽油辛烷值裂化催化剂 FCC catalyst for enhancing octane number

通过改进超稳 Y 型沸石和基质的性能、优化二者配伍,并添加 ZSM-5 沸石来增加催化裂化汽油辛烷值的催化剂。

02.0869 待生裂化催化剂 spent FCC catalyst

简称“待生剂”。在催化裂化反应器催化剂中与原料油接触反应后生焦失活的催化剂。

02.0870 平衡裂化催化剂 equilibrium FCC catalyst

催化裂化装置达到稳定运转状态时,循环于装置内的催化剂总体。是一个由不同活性的催化剂所组成的动态平衡体系。

02.0871 再生裂化催化剂 regenerated FCC catalyst

简称“再生剂”。催化裂化反应器中经烧焦后活性得以恢复的催化剂。

02.0872 分子筛 molecular sieve

具有规则孔道结构的多孔性无机氧化物晶体材料的总称。可以用于“筛分”不同大小的分子。

02.0873 沸石 zeolite

天然或人工合成的碱金属、碱土金属含结晶水的铝硅酸盐的总称。是分子筛的一种,但最具代表性。

02.0874 A 型沸石 A-type zeolite

人工合成的三维孔道沸石。按照国际纯粹与应用化学联合会(IUPAC)的定义,属 LTA 结构类型。

02.0875 X 型沸石 X-type zeolite

人工合成的三维孔道沸石。按照国际纯粹与应用化学联合会的定义,属于低硅铝(硅铝摩尔比 2.0~3.0)八面沸石(FAU) 结构类型。

02.0876 Y 型沸石 Y-type zeolite

人工合成的八面沸石型分子筛。按照国际纯粹与应用化学联合会的定义,把 SiO_2/Al_2O_3 摩尔比大于 3.0 的八面沸石叫做 Y 型沸石。

02.0877 八面沸石 faujasite

由硅氧和铝氧四面体基本结构单元组合排列成具有三维孔道体系的晶体硅铝酸盐。主要孔口为十二元环形,孔径为 0.74nm。按 Si/Al 比不同,分为 X 型和 Y 型。

02.0878 ZSM-5 型沸石 ZSM-5 type zeolite

属于双十元环交叉孔道的分子筛结构类型。属于正交晶系,硅铝比可在很大范围内变动。

02.0879 择形沸石 shape-selective zeolite

含有特殊孔结构和孔径的沸石。只有具有某种分子尺寸的烃类(如直链烃)才能进入沸石孔道进行催化反应。

02.0880 丝光沸石 mordenite

天然或人工合成的一维孔道沸石。按照国际纯粹与应用化学联合会的定义,属 MOR 结构类型。

02.0881 β 沸石 β-zeolite

人工合成的三维十二元环孔道高硅沸石。按照国际纯粹与应用化学联合会的定义,属 BEA 结构类型。

02.0882 基质 matrix

催化裂化催化剂中除沸石外的组分。分子筛裂化催化剂由活性组分和基质组成,基质为连续相,多为硅铝胶与高岭土的紧密结合体。

02.0883 催化剂黏结剂 adhesive for catalyst

在催化剂制备中,将沸石、基质和填充物黏结在一起的胶状无机物。

02.0884 铝溶胶 alumina-sol

铝的氢氧化物凝胶或金属铝经单价强酸(如盐酸、硝酸)处理后,得到的透明氧化铝溶胶。

02.0885 硅溶胶 silica-sol

二氧化硅胶态微粒在水中均匀扩散形成的胶体溶液。

02.0886　介孔材料　mesoporous materials

具有规则而均匀孔道结构、孔径在 2～50nm 的多孔材料。

02.0887　重整原料预加氢催化剂　reformer feed pre-hydrotreating catalyst

用于重整原料加氢精制的催化剂。其活性组分主要由 Co-Mo、Ni-Mo 或 Ni-W 及助剂构成。

02.0888　催化裂化汽油选择性加氢脱硫催化剂　selective hydrodesulfurization catalyst for FCC/residue FCC gasoline

用于催化裂化汽油加氢精制。选择性脱除其中的硫化物并最大限度保留烯烃，降低汽油辛烷值的损失，其活性组分主要由 Co-Mo 及助剂构成。

02.0889　加氢脱砷保护剂　hydrodearsenic agent

用于脱除原料中的砷、保护贵金属催化剂的辅助催化剂。

02.0890　柴油加氢精制催化剂　diesel hydrotreating catalyst

用于柴油馏分加氢精制，降低其硫、氮和芳烃含量的催化剂。多以 Co-Mo、Ni-Mo、Ni-W 为主要活性组分。

02.0891　柴油加氢改质催化剂　diesel hydro-upgrading catalyst

用于柴油馏分加氢改质，提高柴油十六烷值及生产低硫或超低硫清洁燃料的催化剂。多以 Ni-Mo、Ni-W 金属和分子筛为主要活性组分。

02.0892　柴油临氢降凝催化剂　diesel hydrodewaxing catalyst

在氢气存在下选择性地将高凝点的正构烷烃裂解为小分子除去，从而降低柴油凝点的加氢催化剂。

02.0893　缓和加氢裂化催化剂　mild hydrocracking catalyst

以氧化铝或氧化铝–沸石为载体，用于缓和加氢裂化工艺的催化剂。以 Ni-Mo 或 Ni-W 为加氢组分组成。

02.0894　加氢裂化预处理催化剂　pre-hydrotreating catalyst for hydrocracking

用于预处理脱除原料重质蜡油馏分中的硫、氮、少量胶质、沥青质和金属的催化剂。多以 Ni-Mo 或 Ni-W 为主要活性组分。

02.0895　加氢裂化催化剂　hydrocracking catalyst

用于原料重质瓦斯油大分子加氢转化的催化剂。多采用无定形硅铝、沸石等为酸性组分，Ni-Mo 或 Ni-W 为加氢组分。

02.0896　加氢裂化后精制催化剂　hydrocracking post-hydrofining catalyst

装填在加氢裂化反应器床层下部，使反应生成物中少量的烯烃组分加氢饱和，并防止反应过程中生成的烯烃和硫化氢反应生成硫醇的催化剂。活性金属组分为 Ni、Co、Mo、W，载体一般是改性的 γ–氧化铝。

02.0897　润滑油加氢处理催化剂　lube hydrotreating catalyst

通过在中压或高压下加氢，脱除硫、氮杂质，芳烃高度饱和，还具有一定的异构化性能，使润滑油中非理想组分转化为理想组分的催化剂。主要由 Ni-Mo 或 Ni-W 硫化物和具有适度酸性的载体构成。

02.0898　润滑油临氢异构降凝催化剂　lube hydro-isomerization hydrodewaxing catalyst

含有择形分子筛如 SAPO、ZSM–22/48 等的贵金属加氢催化剂。可使润滑油馏分中的正构烷烃发生异构化反应，起异构降凝作用。

02.0899　润滑油补充精制催化剂　lube hydrofinishing catalyst

用于润滑油传统生产流程末端的加氢补充精制装置加氢催化剂。可使原料基础油中的硫、氮和芳烃进一步加氢转化,改善其颜色和安定性。

02.0900 白油加氢精制催化剂 white oil hydroprocessing catalyst

以经过深度精制的基础油为原料,在高压下深度加氢脱芳烃,生产芳烃含量较低的食品级白油产品的贵金属加氢催化剂。

02.0901 石蜡加氢精制催化剂 wax hydrofining catalyst

用加氢精制替代白土精制,对石蜡进行硫、氮脱除和芳烃饱和的催化剂。活性组分主要是Co-Mo、Ni-Mo 或 Ni-W,载体常用低酸性氧化铝。

02.0902 上流式渣油加氢脱金属催化剂 residue hydrodemetallization catalyst for upflow reactor

用于上流式渣油加氢反应器,脱除容纳渣油中镍、钒、铁、钙等的催化剂。有一定的脱硫和残炭转化能力。

02.0903 固定床渣油加氢保护剂 guard catalyst in residue hydrodemetallization fixed bed reactor

置于固定床渣油加氢保护反应器中,拦截进料中的机械杂质,脱除并容纳易沉积的金属,降低床层压降,对下游催化剂起保护作用的催化剂。有惰性材料和/或催化材料制成,多为异形。

02.0904 固定床渣油加氢脱金属催化剂 fixed bed type residue hydrodemetallization catalyst

用于固定床渣油加氢反应器,置于保护剂后,能脱除容纳渣油中镍和钒等金属杂质的催化剂。有较高的分解有机金属(如镍、钒),并捕捉、容存这些金属的能力。

02.0905 固定床渣油加氢脱硫催化剂 fixed bed type residue hydrodesulfurization catalyst

用于固定床渣油加氢反应器,装填在脱金属催化剂后面,脱除渣油中硫、氮的催化剂。活性组分为 Co-Mo 或 Ni-Mo,载体以 γ–氧化铝为主。

02.0906 固定床渣油加氢脱残炭催化剂 carbon reduction catalyst in fixed bed residue hydrotreating

置于固定床渣油加氢反应器脱硫催化剂后,能脱除渣油中残炭、硫和氮,并饱和多环芳烃的催化剂。活性为组分 Ni-Mo 或 Ni-Co-Mo,以 γ–氧化铝为载体及助剂磷等。

02.0907 无定形加氢裂化催化剂 amorphous hydrocracking catalyst

有利于多产中间馏分油的加氢裂化催化剂。以无定形硅铝、硅镁或改性氧化铝等为载体。

02.0908 活性支撑剂 fresh catalyst proppant

在催化加氢反应器中放在加氢反应器上部或底部,使原料油中的双烯加氢饱和、延缓床层压降或改善产品安定性、有效利用反应器空间的辅助催化剂。

02.0909 加氢捕硅催化剂 hydro-desilicification guard catalyst

置于加氢反应器床层上部,用来脱除上游装置使用消泡剂和防焦剂带来的含硅化合物的催化剂。容硅能力强,可防止下部催化剂中毒。

02.0910 氧化态催化剂 oxidation state catalyst

金属活性组分的盐(硝酸盐、碳酸盐、有机盐或氯化物等)溶液,浸渍或喷淋于载体上,在空气或含氧气氛中干燥和焙烧得到的催化剂。

02.0911 还原态催化剂 pre-reduced catalyst

由氧化态催化剂在一定温度和压力条件下,用氢气或其他还原性气体还原,得到的金属态或低价氧化物形态催化剂。

02.0912 硫化态催化剂 sulfided catalyst

由氧化态催化剂在 H_2S、CS_2、二甲基二硫醚、含硫油等含硫分子作用下,经过硫化转化得到的催化剂。

02.0913 催化剂器内预硫化 *in-situ* pre-sulfurizing of catalyst

氧化态加氢催化剂直接装入加氢反应器中，在一定的温度和压力条件下，通入氢气和硫化剂（或溶入原料油中）进行预硫化的过程。硫化剂多采用 H_2S、CS_2、二甲基二硫醚、含硫油等。

02.0914 催化剂器外预硫化 off-site pre-sulfurizing of catalyst

氧化态加氢催化剂与硫化剂在反应器以外的设备中实现预硫化混合后，再装填到反应器中通入氢气或氢气和原料油进行预硫化的过程。硫化剂多采用单质硫、无机或有机硫化物或混合硫化剂等。

02.0915 加氢异构裂化催化剂 hydroisomerization and cracking catalyst

具有加氢和异构裂化功能的催化剂。通常有很强的加氢性能、较强的异构功能和较强的开环断链能力。

02.0916 加氢处理催化剂 hydrotreating catalyst

在一定温度和氢分压下，促进石油馏分脱硫、脱氮、脱氧、脱金属、烯烃和芳烃加氢饱和及少量开环、断链等裂解等反应的催化剂。转化率一般小于15%。通常由加氢金属组分和改性氧化铝载体组成。

02.0917 圆柱条形催化剂 cylindrical extrudate catalyst

横截面为圆形的条状催化剂。采用挤出成型方法制备。

02.0918 三叶草形催化剂 three-lobed extrudate catalyst

横截面为三叶草形的条状催化剂。采用挤出成型方法制备。

02.0919 四叶草形催化剂 four-lobed extrudate catalyst

横截面为四叶草形的条状催化剂。采用挤出成型方法制备。

02.0920 体相催化剂 bulk catalyst

又称“本体催化剂”。整个催化剂活性组分总体均可参与催化反应的催化剂。可以大幅度提高催化剂的活性。

02.0921 喷气燃料加氢精制催化剂 hydrorefining catalyst for jet fuel

主要由 Co-Mo、Ni-Mo 或 Ni-W 等活性组元及载体构成的缩化剂。能有效地脱除硫醇硫、降低总硫和酸值，改善产品颜色，提高产品烟点。

02.0922 高堆密度重整催化剂 high bulk density reforming catalyst

堆密度为0.64～0.68 g/mL 的重整催化剂。

02.0923 全氯型重整催化剂 chlorine-promoted reforming catalyst

以氯作为酸性组分的重整催化剂。氯的酸性缓和，选择性好，易于调节；再生时，氯有助于铂晶粒的再分散，双（多）金属重整催化剂均采用氯为酸性组分。

02.0924 S Zorb 吸附剂 S Zorb sorbent

用于 S Zorb 催化裂化汽油脱硫工艺过程的吸附剂，主要由 ZnO、Ni 以及载体组成。微球的平均粒径为65～80μm。

02.0925 待生吸附剂 spent sorbent

吸附反应器系统中经过脱硫反应后的吸附剂。其上沉积有大量的炭和硫，硫含量一般为7%～11%。

02.0926 再生吸附剂 regenerated sorbent

待生吸附剂经空气烧焦，脱除炭和部分硫，由氢气还原表面的镍组分，活性得到恢复，其硫含量一般为3%～6%。

02.0927 双功能催化剂 bifunctional catalyst

含有两种催化活性功能的催化剂。通常情况下，一种是金属组分，另一种是酸性组分。

02.0928 煤加氢液化催化剂 coal hydroliquefaction catalyst

煤加氢转化为液体燃料过程所用的催化剂。分为钴、钼催化剂、铁系催化剂以及金属卤化物催化剂。

02.0929 煤制油助剂 coal-to-oil promoter

将氧化物催化剂转化为硫化物活性组分的含硫化合物。一般为硫化氢、硫磺粉和二硫化碳等。

02.0930 费-托合成催化剂 Fischer-Tropsch synthesis catalyst

以合成气为原料生产合成油所用的催化剂。主要用铁基和钴基催化剂。

02.0931 一氧化碳助燃剂 CO combustion promoter

又称"一氧化碳燃烧助剂"。用于促进催化裂化再生过程中一氧化碳完全燃烧的一种固体助剂。广泛使用的 Pt-γ-Al_2O_3 微球一氧化碳助燃剂的铂含量为 100 ~ 500μg/g,其物理性能与装置内微球裂化催化剂相近。

02.0932 催化裂化脱硫氧化物助剂 FCC De-SO_x additive

又称"氧化硫转移剂"。用以减少催化裂化中再生烟气 SO_x 排放的固体助剂。有效组分通常为镁、铈等元素。

02.0933 催化裂化脱氮氧化物助剂 FCC De-NO_x additive

为减少催化裂化装置再生烟气中 NO_x 排放污染而使用的一种含贵金属或非贵金属的固体助剂。

02.0934 催化裂化塔底油裂化助剂 FCC bottom cracking additive

为促进催化裂化重油大分子的裂化,以提高中间馏分轻烃收率而使用的固体助剂。

02.0935 催化裂化固钒剂 FCC vanadium trap

又称"捕钒剂"。催化裂化装置中减轻钒对裂化催化剂的毒害,维持裂化催化剂较高活性的固体助剂。

02.0936 催化裂化汽油辛烷值助剂 promoter for enhancing octane number of gasoline

用于催化裂化装置中提高催化裂化汽油辛烷值的固体助剂。通常采用 ZSM-5 或其改性产物作为活性组元。

02.0937 催化裂化增产低碳烯烃助剂 promoter for increasing light olefins

用于催化裂化装置中提高丙烯、异丁烯等低碳烯烃产率的固体助剂。通常采用 ZSM-5 或其改性产物作为活性组元。

02.0938 催化裂化汽油降硫助剂 promotor for reducing sulfur in gasoline

催化裂化装置中用以直接降低催化裂化产品汽油中硫含量,而不影响裂化产品分布的固体助剂。

02.0939 催化裂化金属钝化剂 FCC metal passivator

用于抑制催化裂化原料中重金属(如 Ni、V 等)对催化剂污染作用的一种液体助剂。其有效组分为 Sb、Sn、Bi 等。

02.0940 溶剂精制助剂 solvent refining additive

用于提高润滑油溶剂精制效率的助剂。可以提高萃取过程中对氮化物,尤其是碱性氮化物的选择性萃取能力。一般为路易斯酸性物质。

02.0941 溶剂脱蜡助剂 solvent dewaxing additive

改善蜡分子结晶状况、提高脱蜡油收率和脱蜡过滤速度的助剂。一般为高分子聚合物,如聚 α-烯烃和聚甲基丙烯酸酯等。

02.0942 糠醛精制抗氧缓蚀剂 antioxidant and anticorrosive agent in furfural refining

防止糠醛氧化并降低糠醛氧化生成糠酸对装置腐蚀的助剂。一般为碱性含氮有机化合物。

02.0943　酮苯脱蜡缓蚀剂　corrosion inhibitor in ketone-benzol dewaxing

缓解酮苯脱蜡装置腐蚀的助剂。是一种含氮的有机化合物,可以中和由溶剂精制带来的微量糠酸。

02.0944　硫化剂　sulphiding agent

硫化型催化剂原位预硫化过程用的化学试剂。常用硫化剂有 CS_2、二甲基二硫(DMDS)、二甲基硫(DMS)。

02.0945　阻垢剂　scale inhibitor, fouling inhibitor

能有效防止或减缓炼油设备和管线的表面结垢或污垢沉积的化学药剂。具有清净分散性、抗氧化性、减聚性等性能。

02.0946　溶剂精制助溶剂　cosolvent in solvent refining

可以改善溶剂精制效果的辅助溶剂。

02.0947　*N*-甲基吡咯烷酮　*N*-methyl-2-pyrrolidon, NMP

润滑油精制过程中对原料中的重芳烃有很好的溶解能力和选择性的非质子传递溶剂。分子式为 C_5H_9NO。

02.03　石 油 产 品

02.0948　馏出油　distillated oil

原油或其他油料经蒸馏塔分馏时,自塔顶和侧线得到的馏分。

02.0949　窄馏分　narrow fraction

沸点范围较窄的石油馏分。沸程一般≤30℃。

02.0950　油品分类　oil classification

根据国家标准、按照石油产品的主要特征进行的类别划分。如燃料(F类)、溶剂和化工原料(S类)、润滑剂和有关产品(L类)、蜡(W类)、沥青(B类)、焦(C类)等。

02.0951　汽油　gasoline

馏程一般为30～220℃的石油产品。用作发动机燃料或溶剂。根据用途可以分为车用汽油和航空汽油。

02.0952　车用汽油　vehicle gasoline

用作点燃式发动机燃料的汽油。

02.0953　航空汽油　aviation gasoline

用作活塞式航空发动机燃料的汽油。

02.0954　汽油池　gasoline pool

汽油调和组分的构成。包括直馏汽油、催化裂化汽油、重整汽油、加氢裂化汽油、异构化汽油、甲基叔丁基醚、烷基化汽油及其他组分。

02.0955　催化裂化汽油　catalytic cracking gasoline

经催化裂化工艺制得的汽油组分。研究法辛烷值RON约为91,烯烃含量较高。

02.0956　重整汽油　reformed gasoline

以重石脑油为原料,在催化剂作用下,发生烷烃异构化、环烷烃脱氢等反应后得到的汽油组分。辛烷值较高,芳烃含量较高,是高辛烷值汽油的调和组分。

02.0957　加氢汽油　hydrotreated gasoline

以催化汽油为原料,经加氢精制、异构化反应得到的汽油组分。具有低硫、低氮的特点,但辛烷值有所下降。

02.0958　烷基化汽油　alkylation gasoline

以炼厂气中异丁烷和 C_3～C_5 烯烃为原料,经烷基化反应得到的高辛烷值汽油组分。

02.0959　吸附脱硫汽油　adsorption desulfurized gasoline

经汽油吸附脱硫工艺制得的低硫汽油组分。硫含量(质量分数)可低于0.001%。

02.0960 汽油抽余油调和组分 gasoline raffinate oil of blending component

芳烃抽提后的抽提油作为汽油的一种调和组分。抽余油一般指抽提芳烃后的重整汽油。

02.0961 汽油芳烃调和组分 gasoline aromatic blending component

汽油的一种调和组分,其中含有甲苯、二甲苯,用来提高汽油辛烷值。

02.0962 煤油 kerosene

馏程为 160 ~ 300℃的石油产品。根据用途可以分为喷气燃料、动力煤油、灯用煤油等。

02.0963 灯用煤油 lamp kerosene

用作照明和各种煤油燃烧器的燃料。

02.0964 喷气燃料 jet fuel

又称“航空煤油”。航空涡轮发动机的专用燃料。馏程一般在 130 ~ 280℃,广泛用于各种喷气式飞机。

02.0965 军用喷气燃料 military jet fuel

用于军用航空涡轮发动机的燃料。

02.0966 舰载喷气燃料 ship-based jet fuel

为重航煤型燃料,馏程为 150 ~ 280℃。适用于舰艇上的飞机。

02.0967 大比重喷气燃料 high density jet fuel

为满足飞机延长续航时间要求的需要,比重大、终馏点可达到 316℃的喷气燃料。

02.0968 柴油 diesel

馏程一般为 200 ~ 360℃的石油产品。用作压燃式发动机燃料。

02.0969 普通柴油 general diesel

主要用作压燃式高速柴油发动机燃料的柴油。适用于拖拉机、内燃机车、工程机械、船舶和发电机组等。

02.0970 车用柴油 vehicle diesel

适用于压燃式高速柴油发动机燃料的柴油。用于设计时速高于 70km/h 的四轮柴油车。

02.0971 军用柴油 military diesel

主要用作坦克、装甲车、汽车、潜艇、舰艇等高速柴油发动机燃料的柴油。

02.0972 柴油池 diesel pool

柴油调和组分的构成。包括直馏柴油、加氢裂化柴油、焦化柴油以及其他组分。

02.0973 加氢精制柴油 hydrotreated diesel

又称“低硫柴油”。以催化柴油、焦化柴油及部分含硫较高的直馏柴油为原料,经加氢精制或改质等加工过程得到的柴油。

02.0974 催化裂化柴油 catalytic cracking diesel

经催化裂化工艺制得的柴油组分。经加氢精制或改质后,和其他柴油组分进行调和和精制成为成品柴油。

02.0975 加氢裂化柴油 hydrocracking diesel

以减压瓦斯油为原料,经加氢裂化反应得到的柴油调和组分。是清洁车用柴油的理想调和组分。

02.0976 炉用柴油 furnace diesel

适用于锅炉或化工冶金工业及其他工业炉的柴油燃料。

02.0977 农用柴油 agricultural diesel

用于中速或低速农用柴油机的燃料。按照 50℃运动黏度分为 10 号、20 号、30 号三个牌号。

02.0978 液化石油气 liquefied petroleum gas, LPG

简称“液化气”。原油加工过程中产生的常温常压下呈气态的烃,通过增压或降温成为液态的一种轻烃混合物。主要成分是丙烷、丙烯、丁烷和丁烯。

02.0979 汽车用液化石油气 liquefied pretroleum gas engine fuel

用于汽车和内燃机燃料的液化气。主要成分为丙烷。

02.0980 高级液化石油气 high grade liquefied pretroleum gas
用于家庭、宾馆和打火机的液化气。主要成分为丁烷。

02.0981 轻烃裂解料 light hydrocarbon for pyrolysis
裂解制乙烯的原料。包括乙烷、液化石油气、石脑油等。

02.0982 润滑油 lubricating oil
用于各种机械上以减少摩擦和磨损,保护机械及加工件的液体润滑剂。

02.0983 食品级工业润滑油 food grade industrial lubricating oil
专门适用于食品机械工作环境要求的油品。

02.0984 全损耗系统油 total loss system oil
由润滑油基础油加入适量添加剂调和制成的润滑油。适用于无循环润滑系统机械部件的润滑与防护。

02.0985 机械油 machine oil
采用矿物基础油加入适量添加剂调和制成的润滑油。用于一般机械的润滑。

02.0986 脱模油 mould release oil
用于混凝土脱模的油品。一般分为矿物油型和乳化型两类。

02.0987 变速箱油 transmission fluid
用于车辆变速箱系统齿轮润滑、清洁以及提供液压动力的润滑油。

02.0988 齿轮油 gear oil
由矿物基础油或合成基础油加极压抗磨和油性添加剂调和而成,用于齿轮润滑的液体润滑剂的总称。按用途分为车辆齿轮油和工业齿轮油。

02.0989 车辆齿轮油 automobile gear oil
由润滑油、基础油加入添加剂调制而成。是车辆变速箱、驱动桥等齿轮传动机构所用的润滑油的统称。

02.0990 差速器齿轮油 differential gear oil
适用于带机械差速器车辆齿轮的齿轮油。

02.0991 限滑差速器油 limited slip differential gear oil
用于带限滑差速器车辆齿轮的齿轮油。具有较好的降噪效果。

02.0992 拖拉机油 tractor oil
用于大功率拖拉机的传动系统和液压系统的润滑油。

02.0993 液力传动油 hydraulic transmission fluid
作为传动介质用于液力变矩器与液力耦合器的油品。

02.0994 动力转向液 power steering fluid
具有较高的黏度指数和较低的倾点,作为传动介质用于液压助力转向系统的油品。

02.0995 工业齿轮油 industrial gear oil
用于工业机械设备齿轮传动机构的润滑油。分为闭式工业齿轮油和开式工业齿轮油。

02.0996 极压型蜗轮蜗杆油 extreme pressure worm gear oil
用于极压性能要求较高的各种蜗轮蜗杆传动机构的润滑油。

02.0997 柴油机油 diesel engine oil
用于以柴油作燃料的汽车压燃式发动机的润滑油。

02.0998 醇燃料机油 alcogas engine oil
用于以醇类或含醇混合物为燃料发动机的润滑油。

02.0999 二冲程柴油机油 two stroke diesel

engine oil

用于二冲程柴油机的润滑油。

02.1000 固定式柴油机油 stationary diesel engine oil

用于固定式柴油发动机润滑的内燃机油。

02.1001 气体燃料发动机油 gas fuel engine oil

用于以可燃气体为燃料发动机的润滑油。

02.1002 铁路内燃机车柴油机油 locomotive diesel engine oil

用于铁路内燃机润滑的柴油机油。

02.1003 重负荷柴油机油 heavy duty diesel engine oil

用于重负荷柴油机润滑的内燃机油。

02.1004 汽油机油 gasoline engine oil

用于以汽油为燃料的点燃式发动机的润滑油。

02.1005 内燃机油 internal combustion engine oil

又称“发动机油”。内燃机重要的润滑材料，广泛用于汽车、内燃机车、摩托车、船舶和工程机械的移动式或固定式发动机中。

02.1006 通用内燃机油 universal internal combustion engine oil

同时符合汽油机油和柴油机油质量指标的内燃机油。

02.1007 农用柴油机油 agricultural diesel engine oil

用于以单缸柴油机为动力的三轮汽车、拖拉机运输机组、小型拖拉机、小型农机具的柴油机油。

02.1008 催化剂兼容性发动机油 catalyst compatibility engine oil

可以与发动机排放处理催化剂兼容的发动机油。主要用于高性能汽油机和轻型柴油机。

02.1009 二冲程汽油机油 two stroke gasoline engine oil

由精制矿物基础油或合成基础油加多种添加剂调和制成的汽油机油。用于点燃式、以水或空气为循环冷却介质的二冲程发动机。

02.1010 摩托车油 motor cycle oil

用于摩托车发动机润滑的油品。分为二冲程摩托车油、四冲程摩托车油。

02.1011 舷外发动机油 outboard engine oil

用于舷外发动机、摩托车(艇)的润滑油品。分为舷外二冲程发动机油及舷外四冲程发动机油。

02.1012 轴承油 bearing oil

用于轴承润滑的油品。

02.1013 锭子油 spindle oil

用于纺纱机的锭子和各种负荷小、速度高的轴承和摩擦部位的轻质低黏度润滑油。

02.1014 导轨油 slide-way oil

用于润滑机床导轨的专用润滑油。保持导轨的移动精度,防止发生“爬行”现象。

02.1015 液压油 hydraulic oil

用作液压系统传动介质的油品。实现能量的传递、转换和控制,同时还有润滑、防锈、防腐、冷却等作用。

02.1016 航空液压油 aviation hydraulic oil

采用矿物油、聚α-烯烃合成油(PAD)、磷酸酯、硅油、氟油和聚苯醚等作为基础油,加添加剂调和而成的液压油。用于航空飞行器液压系统。

02.1017 多级液压油 multi-grade hydraulic oil

又称“高黏度指数液压油”。由高黏度指数石油基基础油或合成油,加入高质量的黏度指数改进剂和其他功能添加剂调和而成的液压油。

02.1018 导热油 heat transfer oil

又称“传热油”。作为传热介质使用的油品。分为矿物型导热油和合成型导热油两大类。

02.1019 链条油 chain oil

用于链条润滑的润滑油。根据不同基础油和添加剂,可分为工业级和食品级两大类。

02.1020 系统循环油 oil for circulating system

用于集中润滑系统、被系统传送到多个需要润滑的设备部件的润滑油。

02.1021 干式气柜密封油 dry gas-holder seal oil

用于干式气柜中储存气体的密封及内浮筒与柜体之间润滑的油品。

02.1022 减震器油 automobile shock absorber oil

用于车辆减震器的润滑油。

02.1023 蒸汽气缸油 steam cylinder oil

适用于蒸汽机气缸及与蒸汽接触的滑动部件的润滑油。也可用于其他高温、低转速机械部位的润滑。

02.1024 白油 white mineral oil

石油润滑油馏分通过深度精制,脱除芳烃、硫、氮等杂质后得到的特种润滑油馏分。分为工业级白油、化妆级白油、食品级白油和医药级白油。

02.1025 橡胶填充油 rubber extend oil, rubber filling oil

润滑油馏分经过脱蜡和溶剂萃取处理得到的一种高芳烃油。用于橡胶加工业、制鞋业等。

02.1026 轧制油 rolling oil

在金属轧制工艺过程中,作为润滑与冷却介质使用的润滑剂。分为冷轧油和热轧油。

02.1027 冲压油 stamping oil

用于各种板材、型材的冲压加工的含添加剂的矿物油润滑剂。起润滑、防锈、冷却等作用。

02.1028 切削油液 cutting oil-liquid

在金属切削加工过程中,能降低切削区域的温度,减少工件、刀具、切屑三者之间的摩擦,延长刀具使用寿命等的液体。

02.1029 电火花油 electric spark oil

作为电火花机加工放电介质的液体。主要是低黏度、高闪点,以芳烃含量低的窄馏分矿物油。

02.1030 电气绝缘油 electric insulating oil

用作电器设备电介质的液态物质。主要起绝缘、散热和灭弧作用,包括变压器油、低温开关油和电缆油等。按基础油可分为矿物绝缘油和合成绝缘液。

02.1031 防锈油 rust-proof oil

含有腐蚀抑制剂,主要用于暂时防止金属大气腐蚀。分为溶剂稀释型防锈油、润滑油型润滑油、除指纹型防锈油、脂型防锈油和气相防锈油五大类。

02.1032 涡轮机油 turbine oil

又称“透平油”。主要用于发电厂蒸汽轮机、燃气轮机、燃气-蒸汽联合循环机组,水电站水轮机、船舶涡轮机、离心式压缩机等设备的润滑、密封、冷却和调速的润滑油。

02.1033 航空涡轮机油 aviation turbine lubricant

采用矿物油、聚α-烯烃、聚α-烯烃合成油(PAO)、合成酯等作基础油,添加多种添加剂调和而成的润滑油。用于航空涡轮发动机的润滑。

02.1034 抗氨汽轮机油 anti-ammonia turbine oil

用于以氮气和氨气为压缩介质的压缩机和汽轮机的润滑油。添加的防锈剂不能为酸性防锈剂。

02.1035 淬火油 quenching oil

金属零件在进行淬火热处理工艺时所使用的油性冷却介质。包括普通淬火油、快速淬火油、快速光亮淬火油、超速淬火油、真空淬火油以及等温分级淬火油等。

02.1036 回火油 tempering oil

采用精制矿物基础油,加入多种添加剂调和制成的油品。适用于回火炉中对淬火后的零件进行回火处理。

02.1037 含氟润滑剂 fluorine-containing lubricant

含有氟元素的合成润滑剂。主要有含氟润滑油、以含氟润滑油为基础油调配的含氟润滑脂和以聚四氟乙烯为代表的固体润滑剂等。广泛应用于核、航空、航天等工业。

02.1038 全氟碳油 perfluorocarbon oil

烃分子中的氢原子被氟原子完全取代的产物。主要应用于铀同位素分离,接触强酸、强碱、强腐蚀性等介质的环境,半导体离子刻蚀,电器元件壳封检漏,陀螺支承、制氧等领域。

02.1039 全氟碳脂 perfluorocarbon grease

以全氟碳油为基础油与稠化剂调配而成的润滑脂。具有良好的化学稳定性、润滑性和密封性,主要应用于接触强酸、强碱、强腐蚀性介质的环境,以及制氧等领域。

02.1040 真空泵油 vacuum pump oil

采用深度精制的中黏度矿物油或合成油作基础油,添加多种添加剂调和而成的油品,具有低蒸气压的特点,用于真空泵的工作介质。

02.1041 [真空]镀膜油 coating oil

采用矿物油或合成油作基础油,添加多种添加剂调和而成的油品。在镀膜过程中起黏结镀件与金属膜的作用。

02.1042 硅油 siloxane oil

与硅原子相连的基团均为烷基或芳基的聚硅氧烷。广泛用于各种精密仪器仪表、精密机械设备的润滑。

02.1043 阻尼油 damping oil

又称“阻力油”。具有减振、缓冲、密封、防水和阻尼性能的润滑油。广泛应用于家电、电子、玩具等。

02.1044 合成润滑油 synthetic lubricant

用化工原料通过化学合成的方法制备的润滑油。主要有含氟油、聚醚类、合成烃类、有机酯类、硅油、硅酸酯类、磷酸酯等。

02.1045 制动液 automobile brake fluid

又称“刹车油”。机动车液压制动系统工作介质的统称。包括合成型制动液和矿物油型制动液。

02.1046 压缩机油 compressor oil

以矿物油或合成油作基础油,添加多种添加剂调配而成的润滑油。具有优良的热氧化安定性和低积炭倾向,用于压缩机活塞或螺杆等部件润滑/冷却。

02.1047 冷冻机油 refrigerator oil

以矿物油或合成烃、聚醚、合成酯等为基础油,添加多种添加剂调配而成的润滑油。用于制冷压缩机的润滑。

02.1048 聚内烯 poly-internal-olefin, PIO

在催化剂作用下,由正构 C_{15} 和 C_{16} 的混合内烯烃聚合而成的新型合成油。具有优良的高低温性能、氧化安定性和水解安定性,可用于调配高性能的内燃机油和工业润滑油。

02.1049 船用发动机油 marine diesel engine oil

由精制高黏度矿物基础油加入多种添加剂调和制成的发动机油。用于各类船舶发动机、陆用柴油发电机组发动机。分为船用汽缸油、船用系统油、船用中速机油和船用高速机油。

02.1050 润滑脂 lubricating grease

俗称“黄油”。稠化剂分散在润滑油基础油中制成的固体或半流体状润滑材料。也可加入改善某些特殊性能的其他组分,用于不宜使用润滑油的轴承、齿轮部位。

02.1051 锂基润滑脂 lithium based grease

以脂肪酸锂皂为稠化剂的润滑脂。具有较好的机械安定性和胶体安定性,并有一定的抗水性。

02.1052　合成润滑脂　synthetic grease

以酯类油、硅油、聚 α–烯烃(PAO)以及聚醚等合成油为基础油制成的润滑脂，或者以酰胺、聚脲、聚四氟乙烯等非脂肪酸皂类为稠化剂的润滑脂。

02.1053　复合磺酸钙基润滑脂　calcium sulfonate complex grease

采用超高碱值磺酸盐复合钙稠化基础油制成的润滑脂。

02.1054　复合聚脲润滑脂　polyurea complex grease

将有机脲和金属盐复合稠化剂稠化基础油制成的润滑脂。

02.1055　复合钛基润滑脂　titanium complex grease

以对苯二甲酸、硬脂酸和有机钛化合物生成的复合钛皂稠化矿物基础油或合成基础油制成的润滑脂。

02.1056　聚脲润滑脂　polyurea grease

以分子中含有脲基的有机化合物为稠化剂的润滑脂。

02.1057　锂钙基润滑脂　lithium-calcium based grease

以羟基脂肪酸锂钙混合皂为稠化剂的润滑脂。

02.1058　膨润土润滑脂　bentonite grease

以改性有机膨润土为稠化剂高温非皂基润滑脂。

02.1059　复合铝基润滑脂　complex aluminum grease

以硬脂酸、苯甲酸和有机铝化合物生成的复合铝皂为稠化剂润滑脂。

02.1060　硅胶润滑脂　silicone grease

以凝絮二氧化硅作为稠化剂的润滑脂。

02.1061　可生物降解润滑脂　biodegradable grease

使用后的废弃物可以在自然环境下被微生物降解为水和二氧化碳等对环境无害物质的润滑脂。在规定试验条件下润滑脂组分生物降解率大于 75% 。

02.1062　长寿命润滑脂　long service-life grease

以锂皂、复合锂皂等为稠化剂的润滑脂。

02.1063　耐油密封润滑脂　oil resistant sealing grease

以复合金属皂、膨润土或硅胶稠化复酯、聚醚等制成的润滑脂。

02.1064　皂基润滑脂　soap based grease

以脂肪或脂肪酸金属皂稠化基础油制成的润滑脂。包括单皂基润滑脂、混合皂基润滑脂和复合皂基润滑脂。

02.1065　非皂基润滑脂　non-soap based grease

以非皂基稠化剂如有机稠化剂和无机稠化剂稠化基础油制成的润滑脂。包括烃基润滑脂、无机润滑脂和有机润滑脂。

02.1066　极压润滑脂　extreme pressure grease

在普通润滑脂中添加极压添加剂制成的润滑脂。

02.1067　防锈润滑脂　antirust grease

在润滑脂中添加了防锈剂和其他添加剂而成的润滑脂。

02.1068　多效润滑脂　multi-purpose grease

除润滑功能外，还具有防锈、密封等其他功能的润滑脂。

02.1069　抗辐射润滑脂　radiation resistant grease

使用抗辐射的稠化剂和基础油制备，用于核电设备润滑和防护的润滑脂。

02.1070　阻尼润滑脂　damping grease

用于电位器、调谐器等电器元件调节轴与轴套间的阻尼与润滑的润滑脂。

02.1071　导电润滑脂　conductive grease
以电导率相对较高的稠化剂、基础油和添加剂制成的润滑脂。是具有导电功能润滑脂的统称。

02.1072　食品机械润滑脂　food machinery grease
采用食品级稠化剂、基础油和添加剂制成的润滑脂。

02.1073　低噪声润滑脂　low noise grease
经过充分净化,清净度优良,没有或只含极其微量杂质的润滑脂。

02.1074　石油蜡　petroleum wax
由轻质、重质润滑油馏分及残渣油经脱蜡或脱蜡脱油所得蜡的总称。分为软蜡、石蜡和微晶蜡三类。

02.1075　石蜡　paraffin
从轻质、重质润滑油馏分经脱蜡脱油所得的固体烃。主要成分是正构烷烃,晶形主要为片状,未精制蜡为褐色或黄色,精制脱色后为白色。

02.1076　全精炼石蜡　fully refined paraffin wax
又称"精白蜡"。经脱蜡脱油及深度精制得到的含油量小、安定性好的白色石蜡。

02.1077　半精炼石蜡　semi-refined paraffin wax
俗称"白石蜡"。经脱蜡脱油及一般精制得到的白色石蜡。含油量较全精炼石蜡高,颜色和安定性也不及全精炼石蜡。

02.1078　食品级石蜡　food grade paraffin wax
经深度精制得到的白色石蜡。对稠环芳烃等含量有严格限制。包括食品石蜡和食品包装石蜡两种。

02.1079　粗石蜡　crude scale wax
经发汗或溶剂脱油,未经精制的石蜡。

02.1080　皂用蜡　soap-making wax
用于氧化制取脂肪酸和脂肪醇,进而用于生产肥皂等洗涤用品和润滑脂的石蜡。

02.1081　微晶蜡　microcrystalline wax
又称"地蜡"。经脱油和精制后制得,由减压渣油提炼残渣润滑油时得到的含油蜡。

02.1082　食品级微晶蜡　food grade microcrystalline wax
经深度精制得到的微晶蜡。对稠环芳烃等含量有严格限制。

02.1083　液体石蜡　liquid paraffin
从煤油和柴油中得到的正构烷烃混合物。碳数 $C_8 \sim C_{24}$。芳烃含量(质量分数)不得大于1%。

02.1084　软蜡　soft wax
通常指熔点在48℃以下的粗石蜡。

02.1085　卤化石蜡　halogenated paraffin
分子结构上引入卤族元素的石蜡。分为溴化石蜡、溴氯化石蜡和氯化石蜡。

02.1086　合成蜡　synthetic wax
用化学合成法制得的石蜡。除费-托合成蜡和聚乙烯蜡以外,还包括聚丙烯蜡、乙烯-乙酸乙烯共聚蜡和氧化聚乙烯蜡等。

02.1087　真空封蜡　vacuum sealing wax
由含蜡重质石油馏分经氧化、脱气制成的石蜡。供高真空系统中作半永久性密封用。

02.1088　特种蜡　special wax
又称"专用蜡"。以石油蜡为基本原料,通过特殊加工或添加组分调和制得的适应特种性能和特定部位要求的石蜡。如感温蜡、封固蜡、车用蜡、防锈蜡、相变储能蜡等。

02.1089　相变储能蜡　phase change wax
石蜡经精细加工制成的有机类固-液相变储能材料。具有相变中无过冷和相分离现象、相变潜热高,可起到储能节能、调节温度、保护电子器件和增大物体热惰性的作用。

02.1090　烛用蜡　candle wax
制造蜡烛用的石蜡。通常为半精炼石蜡或粗石蜡,熔点54~58℃。

02.1091　凡士林　vaseline
由轻脱沥青油脱蜡蜡膏与润滑油基础油调制而成的一种油膏状石油脂。分工业凡士林、医药凡士林、化妆级凡士林等。

02.1092　石油沥青　petroleum asphalt
由原油加工过程中产生的富含胶质沥青质的石油产品。分为道路沥青、建筑沥青和专用沥青。

02.1093　道路石油沥青　pavement asphalt
以合适的原油减压深拔得到的直馏渣油为主要原料,或用渣油氧化、丙烷脱油制备沥青,然后与催化油浆、糠醛抽出油调和所得的沥青。主要用于中低等级道路的铺路。

02.1094　重交通道路沥青　heavy pavement asphalt
用于高速路、一级路、城市快速路、主干路及机场道面的道路沥青。

02.1095　聚合物改性沥青　polymer modification asphalt
在沥青中掺加橡胶、树脂等高分子聚合物,使沥青或沥青混合料的性能得以改善而制成的沥青结合料。

02.1096　电缆沥青　cable asphalt
主要用作电缆外护层防腐防潮和密封绝缘的石油沥青。

02.1097　防水防潮沥青　asphalt for damp proofing and waterproofing
用作各类防水防潮工程中的黏结材料及油毡涂覆材料的石油沥青。

02.1098　高速铁路专用乳化沥青　asphalt emulsion for high speed railway
用于生产高速铁路专用水泥乳化沥青砂浆的原料。

02.1099　管道防腐沥青　asphalt for pipe anticorrosion
用于输油、输气、上下水金属管道及地下电缆防腐保护涂层用的石油沥青。对沥青的黏结力和高低温性能要求高。

02.1100　环氧沥青　epoxy asphalt
由沥青、环氧树脂、固化剂及其他添加剂等多种材料混合而成的改性沥青。广泛应用于桥面铺装、路面和机场跑道磨耗层、公交停车站等场所。

02.1101　机场跑道沥青　asphalt for airport runway
用于机场道面铺设的石油沥青。其作用类似于道路沥青,但在一些技术指标上优于道路沥青,一般使用改性沥青。

02.1102　建筑沥青　building asphalt
由氧化法加工制成的,用于构筑屋面、防水工程及其他建筑工程用的石油沥青。

02.1103　水工沥青　hydraulic work asphalt
用于水利工程中修筑水坝、海岸护堤、渠道及蓄水池、防渗层、水工结构封闭层等的石油沥青。

02.1104　燃料油　fuel oil
用于炉内燃烧以产生热量或用于发动机以产生动力的液体石油产品的统称。

02.1105　炉用燃料油　fuel oil for furnace
由减压渣油和裂化渣油等组分调和而成,用作锅炉或化工冶金工业炉及其他工业炉的燃料。

02.1106　船用燃料油　bunker fuel oil
由减压渣油和裂化渣油等组分调和制成,用作船用柴油机的燃料。

02.1107　军舰用燃料油　navy special fuel oil
由减压蜡油、常二线油和其他馏分油等组分组成,用作船用柴油机的燃料。

02.1108 溶剂油 solvent naphtha
以直馏馏分或催化重整抽余油为原料,经分馏、精制制成,无色透明不溶于水的液体。如橡胶溶剂油、油漆溶剂油、油墨溶剂油等。

02.1109 石油醚 petroleum ether
由石油轻馏分经精制得到,根据沸程可分为30℃~60℃、60℃~90℃、90℃~120℃三种的油产品。是溶剂油的一种,主要用作工业溶剂和化学试剂。

02.1110 航空洗涤汽油 aviation gasoline detergent
由180℃以下的石油馏分组成。通常为常压蒸馏所得的直馏馏分。用于航空机件等精密机件的洗涤,又用作航空涡轮发动机点火燃料。

02.1111 脱芳油 de-aromatized solvent
以直馏煤油馏分作原料,经加氢、脱蜡、加氢脱芳烃等工艺制成的溶剂油。用作杀虫剂调和油、上光剂、特种清洗剂。

02.1112 石脑油 naphtha
由C_4~C_{12}烃类组成的混合物。通常由原油直馏得到,也可以有二次加工装置生产。

02.1113 加氢尾油 hydrocracked tail oil
加氢裂化装置蒸馏塔塔底油。可用作裂解制乙烯、润滑基础油的原料。

02.1114 常压瓦斯油 atmospheric gas oil
又称"常压蜡油"。蒸馏装置常压塔的宽馏分油。馏分一般为200~380℃,可用作生产柴油和二次加工的原料。

02.1115 生焦 green coke
又称"原焦"。劣质重原油用焦化方法进行深度裂解所得的残余物。是一种多孔性的焦炭物质,其成分中约85%为固体、灰分、硫等。

02.1116 煅烧石油焦 calcined coke
用于制备炼钢用的石墨电极或制铝、制镁用的阳极糊(融熔电极),经高温(约1300℃)煅烧的石油焦。

02.1117 石油环烷酸 petroleum naphthenic acid
石油炼制过程中得到的有机酸。主要成分为带有环烷环和羧基的酸性含氧化合物。

02.1118 石油苯 petroleum benzene
以石油为原料生产的苯。是基本的有机化工原料。

02.04 分析、化验、评定

02.1119 常压馏程 atmospheric distillation range
油品在规定试验条件下进行常压蒸馏,以馏出温度和馏出量(体积分数)表示的蒸发特性的温度范围。

02.1120 初馏点 initial boiling point
油品在规定条件下进行馏程测定,当第一滴冷凝液从冷凝器的末端落下的一瞬间所记录的温度计读数。

02.1121 终馏点 final boiling point
油品在规定条件下进行馏程测定,其最后阶段温度不再上升而开始下降达到的最高温度计读数。

02.1122 干点 dry point
油品蒸馏过程中,蒸馏烧瓶中的最后一滴液体气化瞬间所观察到的温度计读数。

02.1123 减压馏程 vacuum distillation range
油品在规定试验条件下进行减压蒸馏,以馏出温度(换算为标准压力下的温度)和馏出量(体积分数)表示的蒸发特性的温度范围。

02.1124 蒸发温度 evaporation temperature
油品在规定试验条件下进行馏程测定,在规定蒸发百分数时的温度计读数。

02.1125 回收温度 temperature recovered
油品在规定条件下进行馏程测定,量筒中回收的冷凝液达到某一规定回收体积时所观察到的温度。

02.1126 残留百分数 percent by volume residue
油品在规定试验条件下进行馏程测定,测得的蒸馏烧瓶中残留物体积。以体积百分数表示。

02.1127 回收百分数 volume recovered
油品在规定试验条件下进行馏程测定,在观察温度计读数的同时,接收量筒内观测得到的冷凝液体积。以体积百分数表示。

02.1128 蒸发百分数 percentage evaporated
油品在规定试验条件下进行馏程测定,回收百分数与损失百分数之和。以体积百分数表示。

02.1129 损失百分数 percentage loss
油品在规定试验条件下进行馏程测定,用100%减去总回收体积分数的数值。以体积百分数表示。

02.1130 模拟蒸馏 simulated distillation by gas chromatography
用气相色谱法模拟常规蒸馏试验方法进行油品馏程的测定。

02.1131 油品酸度 oil product acidity
中和100mL石油产品中的酸性物质所需的氢氧化钾毫克数。表示石油产品中酸性物质的含量,以mgKOH/100mL表示。

02.1132 油品酸值 oil product acid number
又称“总酸值”。中和1g石油及石油产品中的酸性物质所需的氢氧化钾毫克数。以mgKOH/g表示。

02.1133 碱值 base number
滴定1g试样到规定终点所需的酸量。以mgKOH/g表示。

02.1134 机械杂质 mechanical impurity
存在于油品中所有不溶于规定溶剂的杂质。以质量百分数表示。

02.1135 蒸馏曲线 distillation curve
以馏出温度和馏出百分数分别为纵、横坐标,以油品蒸馏试验得到的馏分数据为依据做出的曲线。用于表征油品特性。

02.1136 蒸馏指数 distillation index
汽油挥发性和发动机性能的经验关系。通常用汽油馏程的10%、50%、90%蒸发温度和氧含量计算得到。

02.1137 蒸馏特性 distillation characteristics
又称“分馏特性”。以初馏点、终馏点、馏出温度对应馏出量变化规律等表示的蒸馏试验结果。

02.1138 馏出温度 distil-off temperature
油品在规定条件下进行馏程测定中,馏出液量达到某一体积分数时对应的气相温度。

02.1139 恩氏蒸馏曲线 Engler distillation curve
在油品恩氏蒸馏实验中所得到的馏出温度和馏出油体积分数的关系曲线。

02.1140 实沸点蒸馏曲线 true boiling point distillation curve
在原油实沸点蒸馏实验中,用馏出温度与馏出油质量分数绘制的关系曲线。

02.1141 产率性质曲线 yield property curve
以某特定油品的不同产率为横坐标,以相应产率下油品的物性为纵坐标绘制而成的关系曲线。

02.1142 柴油指数 diesel index
由相对密度和苯胺点计算,表示柴油在柴油机中的发火性能的指数。

02.1143 黏重常数 viscosity-gravity constant
由黏度和密度计算,表征原油和油品化学组成的指数。

02.1144 相关指数 bureau of mines correlation index
又称"关联指数"。表征油品化学组成的参数。在蒸气裂解中多用其表示原料油的属性。

02.1145 碳七不溶物 heptane insoluble
又称"庚烷沥青质"。在测定重质油样的沥青质含量时,用正庚烷作为溶剂沉淀出的沥青质。

02.1146 碳五不溶物 pentane insoluble
又称"戊烷沥青质"。在测定重质油样的沥青质含量时,用正戊烷作为溶剂沉淀出的沥青质。

02.1147 结构族组成 structural group composition
以芳碳、环烷碳、烷基碳百分数等表征的石油及其高沸点馏分平均分子的化学组成。

02.1148 渣油四组分 four-fraction of residue oil
用溶剂沉淀法及液体色谱法将渣油分成的饱和烃(S)、芳烃(A)、胶质(R)和沥青质(A)4个组分。

02.1149 渣油八组分 eight-fraction of residue oil
用溶剂沉淀法及液体色谱法将渣油分成的饱和烃、轻芳烃、中芳烃、重芳烃、轻胶质、中胶质、重胶质和沥青质8个组分。

02.1150 原油含水量 water content of crude oil
存在于原油中的水量。以质量分数表示。

02.1151 原油含盐量 salt content of crude oil
存在于原油中的盐量。以每升原油中所含氯化钠的毫克数表示。

02.1152 原油含蜡量 wax content of crude oil
存在于原油中的蜡量。以质量分数表示。

02.1153 原油密度 crude oil density
在规定温度下,单位体积原油的质量。以 kg/m^3 表示。我国规定原油在20℃时的密度为其标准密度,以 ρ_{20} 表示。

02.1154 原油凝点 solidification point of crude oil
原油在规定的试验条件下冷却至停止移动时的最高温度。是表征原油低温流动性能的重要指标。

02.1155 原油黏度 crude oil viscosity
原油流动时内摩擦力的量度。常用绝对黏度表示。

02.1156 原油闪点 flash point of crude oil
在规定条件下,加热石油所逸出的蒸气和空气组成的混合气与火焰接触时发生瞬间闪火时的最低温度。

02.1157 原油酸值 acid number of crude oil
定量表示原油中酸性含氧化合物含量的指标。即中和1 g原油试样中的酸性物质所需的氢氧化钾毫克数,以mgKOH/g表示。

02.1158 原油残炭 carbon residue of crude oil
在规定条件下,油样在加热蒸发、裂解后排出气体分解物所形成的残留物。以质量分数表示。

02.1159 原油灰分 ash content of crude oil
在规定条件下,原油试样被炭化后的残留物经煅烧所得的无机物含量。以质量分数表示。

02.1160 原油胶质 resin content of crude oil
由含硫、氮、氧的稠环烃类化合物组成的红褐色至暗褐色半固体状黏稠物质。相对密度在1.0左右。

02.1161 原油沥青质 asphaltene content of crude oil
石油中不溶于低分子(C_5 ~ C_7)正构烷烃、但能溶于热苯的稠环化合物。其相对密度和碳氢比均大于胶质。

02.1162 原油元素分析 elementary analysis of crude oil

原油中的碳、氢、硫和氮等元素的定量分析。

02.1163 总硫 total sulfur content

石油及石油产品所含的所有硫化物中硫的总量。以单质硫对样品的质量分数表示。

02.1164 原油实沸点蒸馏 true boiling point distillation of crude oil

又称“真沸点分析”。实验室定制、可以进行常减压蒸馏的釜式精馏方法。馏出温度接近于馏出油的真实沸点。

02.1165 原油模拟蒸馏 simulated distillation of crude oil

采用程序升温方式、测试原油不同沸程分布的气相色谱法。

02.1166 原油恩氏蒸馏 Engler distillation of crude oil

用于测定原油及油品中轻重组分相对含量的实验室简单蒸馏方法。

02.1167 原油分子蒸馏 molecular distillation of crude oil

在极高的真空度下,依靠混合物分子运动平均自由程的差异,使原油组分在远低于其沸点的温度下实现分离的方法。

02.1168 碳氢比 carbon hydrogen ratio

烃类产品的碳与氢的质量之比。是表征石油产品性质的重要因数。

02.1169 特性因数 *K* characterization factor *K*

又称“*K* 值”。表示石油及石油馏分的一个指数。*K* 值越高,原料的链状烃含量越高。

02.1170 水溶性酸及碱 water soluble acids and alkalis

石油产品中可溶于水的无机酸或碱。

02.1171 水分 water content

存在于石油及石油产品中的水量。

02.1172 闪点 flash point

在规定试验条件下,将石油产品加热到其蒸气与火焰接触会发生闪火时的最低温度。测定方法包括闭口杯法和开口杯法两种。

02.1173 燃点 fire point

在规定试验条件下,可燃性液体或固体表面产生的蒸气在试验火焰作用下被点燃且能持续燃烧不少于 5 秒时的最低温度。

02.1174 倾点 pour point

油品在规定的试验条件下,冷却试样能够流动的最低温度。国际上通用倾点来表示柴油、船用燃油、润滑油等油品的低温流动性。

02.1175 残炭 carbon residue

在规定试验条件下,样品经过蒸发和热解排出气体分解物后所剩的残余物。表示油样的相对生焦倾向,以残余物占油样的质量分数表示。测定方法有康氏法、兰氏法、微量法等。

02.1176 康氏残炭 Conradson carbon residue

将已称重的试样置于坩埚内进行分解蒸发,在规定的加热时间结束后,冷却并称重所计算出的残炭值。以占原试样的质量百分数表示。

02.1177 兰氏残炭 Ramsbottom carbon residue

在规定的加热周期之后,将装有试样的特制毛细管玻璃焦化瓶冷却并称重所计算出的残炭值。以占原试样的质量百分数表示。

02.1178 针入度 needle penetration

在规定温度、荷重和时间下,标准针体垂直穿入沥青、石蜡等试样的深度。以 1/10mm 表示。

02.1179 铜片腐蚀 copper strip corrosion

将磨光的铜片浸没在一定量的油品试样中,加热至指定温度,保持一定时间后,与腐蚀标准色板进行比较,确定油品腐蚀级别的方法。

02.1180　银片腐蚀　silver strip corrosion

将磨光的银片浸没在一定量的喷气燃料试样中,加热至指定温度,保持一定时间后,与腐蚀标准色板进行比较,确定油品腐蚀级别的方法。

02.1181　硫含量　sulfur content

存在于油品中的无机硫(硫化氢、单质硫等)及有机硫(硫醇、硫醚、二硫化物、噻吩等)的总量。以质量分数表示。

02.1182　工业硫磺硫含量　sulfur content in industrial sulfur

通过扣除工业硫磺中的杂质(灰分、有机物和砷等)的质量分数总和的方法计算的硫含量。以%(质量)表示。

02.1183　弹热值　calorific value

利用氧弹式量热计所测得的单位质量油品试样的热值。是测定总热值和净热值的基础。

02.1184　总热值　gross heat of combustion

又称“高热值”。以弹热值减去酸(主要指试样中硫变成硫酸和氮变成硝酸)的生成热及其熔解热后得到的热值。

02.1185　净热值　net heating value

又称“最低热值”。以总热值减去水的汽化热后所得到的热值。

02.1186　十六烷值　cetane number

表示柴油在柴油机中燃烧时着火性能的指标。

02.1187　十六烷指数　cetane index

柴油在发动机中着火性能的一个计算值。可用柴油的标准密度和50%馏出物温度计算而得。

02.1188　辛烷值　octane number

表示汽油抗爆性能的一个指标。采用与被测定燃料具有相同抗爆性的标准燃料中异辛烷的体积百分数表示。

02.1189　辛烷值分布　octane distribution

汽油馏分段间的辛烷值差别情况。一般用100℃以前馏分的辛烷值与全馏分辛烷值的差值 ΔR 表示。ΔR 值越小,表示辛烷值分布越好,汽油抗爆性越好。

02.1190　马达法辛烷值　motor octane number

用马达法测得的汽油辛烷值。反映汽车在高速、重负荷行驶时的汽油抗爆性能。

02.1191　研究法辛烷值　research octane number

用研究法测得的汽油辛烷值。反映发动机低速运转下的抗爆性能。

02.1192　抗爆指数　anti-knock index

研究法辛烷值与马达法辛烷值的平均值。全面反映车辆运行中汽油的抗爆性能。

02.1193　胶质　gum

在规定试验条件下,石油和石油产品中所有挥发组分蒸发后所剩下的深色残留物。用mg/100mL表示。

02.1194　实际胶质　existent gum

在规定试验条件下,测得燃料的蒸发残留物。是判断油品安定性的指标,用mg/100mL表示。

02.1195　潜在胶质　potential gum

油品长期储存期间或加速老化后所产生的胶质。用mg/100mL表示。

02.1196　溶剂洗胶质　solvent-washed gum

非航空燃料的蒸发残渣经过正庚烷洗涤,除去洗涤液后的残渣量。反映汽油在发动机上可能生成沉积物的倾向。

02.1197　未洗胶质　unwashed gum

在规定试验条件下,油品未经进一步处理的蒸发残渣量。反映汽油在发动机上可能生成沉积物的倾向。

02.1198　喷气燃料管壁评级　tube color rating of aviation turbine fuel

测定喷气燃料在模拟发动机燃油系统工作条件下,产生沉积物倾向的方法。

02.1199　水反应界面状况评级　water reaction interface condition rating

测定喷气燃料中水溶性组分的方法。定性评定水和航空涡轮燃料混合形成的界面薄膜或沉淀的趋势。

02.1200　水反应分离程度评级　water reaction separation rating

定性评定在未充分清洁的玻璃量筒中分离的油层和水层中产生乳化和/或沉淀的趋势,以及玻璃量筒的洁净情况。

02.1201　水反应体积变化　water reaction volume change

航空汽油水溶性组分存在的定性指示。

02.1202　水分离指数　water separation characteristics

使用仪器评定喷气燃料通过玻璃纤维聚结材料时释放携带的游离水或乳化水难易程度的能力。以水分离指数表示。

02.1203　辉光值　luminometer number

在可见光谱的黄绿带内于固定火焰辐射下火焰温度的量度相对值。与喷气燃料的燃烧特性有关。

02.1204　萘系烃含量　naphthalene hydrocarbon content

以待测喷气燃料为溶质,异辛烷为溶剂,配制一定浓度的溶液,测定其在285nm处的吸光度来计算萘系烃总含量。是评价煤油型喷气燃料燃烧性能的一项指标。

02.1205　爆炸性分析　explosive analysis

在规定条件下,用可燃气体测爆仪测定由燃料释放的可燃蒸气与空气混合物的爆炸性。以体积百分数表示。

02.1206　煤油燃烧性　burning quality of kerosene

用标准试验灯燃烧试样,以燃烧平均速率、火焰形状的变化、灯罩沉积物的稠密度和颜色来判断煤油的燃烧性能。常用的方法有点灯法等。

02.1207　烟点　smoke point

又称"无烟火焰高度"。喷气燃料在规定试验条件下燃烧时生成无烟火焰的最大高度。

02.1208　冰点　freezing point

航空燃料经过冷却形成固态烃类结晶,然后使燃料升温,当烃类结晶消失时的最低温度。

02.1209　喷气燃料防冰剂含量　deicing agent content of jet fuel

用水抽提燃料中的防冰剂,再用不同方法进行测定含量。以体积百分数表示。常用的方法有碘量法、冰点法、折射率法三种。

02.1210　品[度]值　performance number

比较航空汽油试样与标准燃料(纯异辛烷)在开始爆震时发出的最大功率之比。是表示航空汽油抗爆性的一项指标。

02.1211　密度　density

在规定温度下,单位体积内所含物质的质量。以g/cm^3或kg/m^3表示。油品的密度与化学组成和结构有关。

02.1212　相对密度　relative density

某一物质的密度与所参考物质的密度在各自规定的条件下的比值。

02.1213　分光光度法　spectrophotometry

通过测定被测物质在特定波长处或一定波长范围内光的吸收度,对该物质进行定性和定量分析的方法。

02.1214　滴点　dropping point

在规定的条件下,固体或半固体石油产品达到一定流动性时杯孔滴出第一滴产品时的温度。

02.1215　盐含量　salt content

原油中所含金属盐类的总量。在极性溶剂存在下加热,用醇水抽提其中包含的盐,通过测量电生银离子消耗的电量求得。

02.1216　汽油蒸气压　gasoline vapor pressure
汽油蒸气与液体处于平衡状态时所产生的压力。以 kPa 表示,常用雷德法测定。

02.1217　柴油浊点　cloud point
在规定条件下,柴油试样由于蜡晶体的出现而呈雾状或浑浊时的温度。

02.1218　诱导期　induction period
汽油和氧气在一定条件下接触,从开始充入氧气、到氧气压力下降为止的时间。表示汽油的抗氧化安定性。

02.1219　氧化安定性　oxidation stability
反映油品在长期储存或长期高温下使用时抵抗氧化、保持其性质不发生变化的能力。

02.1220　油品热安定性　thermal stability
又称"热稳定性"。石油产品受热影响,其质量发生变化的性质。

02.1221　柴油储存安定性　storage stability of diesel
评定柴油储存安定性的指标。用在规定试验条件下所形成的沉渣数量和颜色变化来测定。

02.1222　汽油储存安定性　storage stability of gasoline
评价汽油储存安定性的指标。将一定体积的试样在93℃储存16小时,测定其吸氧量和生成的总胶质。以不安定指数值表示。

02.1223　碱性氮　basic nitrogen
试样中能与高氯酸作用的氮化物的氮。是影响石油产品氧化安定性的主要因素,以 mol/L 表示。

02.1224　溴值　bromine number
又称"溴价"。在规定条件下,与100克油样起反应所消耗的溴的克数。是衡量油品中不饱和烃含量的指标,以 gBr/100g 表示。

02.1225　溴指数　bromine index
在规定条件下,与100克油样起反应所消耗溴的毫克数。是衡量油品中不饱和烃含量的指标。

02.1226　环烷酸皂　naphthenic soap
环烷酸金属盐类的统称。如环烷酸钠、钙盐等。通常采用反应-萃取法测定喷气燃料中环烷酸皂含量(质量)。

02.1227　挥发分　volatile component
在无空气通入的情况下,将石油焦试样加热至一定温度并保持7min,按损失总质量与蒸发水分损失之间的差来确定。

02.1228　碘值　iodine value
在规定条件下,与100g 油品反应所消耗的碘的数量。以 gI/100g 表示。

02.1229　冷滤点　cold filter plugging point
在规定条件下,20mL 油样冷却后开始不能通过过滤器时的最高温度。用于评价柴油的低温流动性。以℃表示。

02.1230　汽油含氧化合物　oxygen compounds in gasoline
汽油中可以添加的甲基叔丁基醚、乙基叔丁基醚、叔戊基甲基醚、二异丙醚、叔戊醇、乙醇等物质。

02.1231　石脑油汞含量　mercury in naphtha
石脑油中无机汞和有机汞含量的总和。

02.1232　喷气燃料磨痕直径　wear scar diameter of jet fuel
用球柱润滑性评定仪测定喷气燃料在摩擦钢球柱表面上边界润滑性的磨损状况。是评定喷气燃料润滑性的指标,以在试球上产生的磨痕直径来表示。

02.1233　灰分　ash
在规定条件下,油品被炭化后的残留物经高温煅烧所得的无机物。以质量百分数表示。

02.1234 汽油苯含量 benzene content in gasoline

油样中加入丁酮(MEK)作为内标物,组分依沸点顺序分离,用热导检测器(或火焰离子化检测器)检测所计算出的苯含量。

02.1235 喷气燃料抗磨指数 anti-wear index of jet fuel

表示试样润滑性好坏的指标。指数越大,润滑性越好。

02.1236 柴油润滑性 lubricity of diesel fuels

表示柴油对喷射泵磨损影响的指标。通常采用高频往复式试验机来评价。

02.1237 汽油清净性 detergency performance of gasoline

车用汽油使用中能减轻或防止发动机燃油管路、进气系统、燃烧室产生沉积物,保持发动机清净的性能。

02.1238 水解安定性 hydrolytic stability

油品抵制与水反应导致永久性能改变的能力。

02.1239 腐蚀性硫 corrosive sulfur

油品中存在的对金属有腐蚀作用的游离(单质)硫和腐蚀性硫化物。

02.1240 苯胺点 aniline point

等体积苯胺与待测油样混合物相互溶解的最低平衡溶解温度。

02.1241 黏度指数 viscosity index

表示石油产品的运动黏度随温度变化的约定值。

02.1242 运动黏度 kinematic viscosity

液体的动力黏度与同温度下液体的密度之比。单位为 m^2/s。

02.1243 动力黏度 dynamic viscosity

表示液体在一定剪切应力下流动时内摩擦力的量度。为所加于流动液体的剪切应力和剪切速率之比,以 mPa · s 表示。

02.1244 恩氏黏度 Engler viscosity

在规定温度下,从恩氏黏度计流出 200mL 试样所需的时间与蒸馏水在 20℃ 流出相同体积所需要的时间之比。

02.1245 抗乳化性 demulsibility

防止润滑油与水形成乳化液的能力。

02.1246 消泡性 defoaming ability

在规定条件下,润滑油在混入气体形成泡沫后,泡沫消失能力的特性。

02.1247 空气释放值 air release

润滑油品混入空气后,内部小气泡(雾沫)从油品释放出去的能力。

02.1248 析气性 degassing of insulating oil

绝缘油在强度足以引起在油、气交界处放电的电场(或电离)作用下,油本身发生化学变化,表现出吸收或放出气体的倾向。

02.1249 冷却性能 cooling performance

润滑油品在使用过程中带走多余热量,降低摩擦副和机件温度的能力。

02.1250 防冻液冰点 freezing point of coolant

在低温情况下,发动机冷却液开始结冰的温度。

02.1251 边界泵送温度 critical pumping temperature

能将机油连续充分供给发动机油泵入口的最低温度。是发动机油低温性能指标。

02.1252 过滤性 filterability

在特定条件下处理后,润滑油品通过过滤器的流动能力。以单位 mL/s 表示。

02.1253 低温流动性 low temperature flowability

油样在低温条件下的流动性能。可以通过目

测、黏度测量、扭矩测量等来考察。

02.1254 蒸发性能 evaporation property

在特定温度压力条件下,某油品中小分子化合物气化为气体的性质。通常以蒸发损失、挥发性或闪点指标来衡量。

02.1255 容水性 water tolerance

制动液能够把外来的少量水分完全溶解吸收,且不会因此产生分层、混浊、沉淀或显著改变原来性质的能力。

02.1256 清净性 detergency

润滑油把发动机内部形成的烟炱、积炭清洗下来,均匀分散,阻止或减少生成沉淀的能力。

02.1257 润滑油老化特性 lube aging characteristic

润滑油在热、氧及其他外部物理化学因素作用下性能劣化的程度。以试样残炭的增加值表示。

02.1258 蒸发损失 evaporation loss

润滑油在一定条件下受热蒸发而损失的量。用质量分数表示。

02.1259 盐水浸渍 salt water immersion

室内评价防锈油脂在接触氯化钠溶液时防锈蚀能力的加速试验方法。

02.1260 水置换性 water displacement property

防锈油试样除去附着在金属表面的水分,防止金属锈蚀的能力。

02.1261 防锈性 antirust property

润滑油脂防止金属腐蚀生锈的性能。试验方法有液相锈蚀、湿热试验、盐雾试验、叠片试验、水置换性等。

02.1262 盐雾试验 salt spray test

在氯化钠溶液制成的雾状环境中进行的润滑油脂防锈蚀试验。

02.1263 高温氧化沉积物 high-temperature oxidation deposit

发动机油在规定的高温、氧化剂和催化剂等试验条件下形成的沉积物。

02.1264 曲轴箱模拟试验 crankcase simulation test

用曲轴箱模拟试验机评定内燃机油热氧化安定性的试验。

02.1265 热管试验 hot tube test

用于评价涡轮增压内燃机油高温清净性的试验。

02.1266 ROBO 氧化试验 ROBO oxidation test

评价内燃机油高温氧化后油品的低温性能的试验。

02.1267 高频往复 SRV 试验 high-frequency linear-oscillation SRV test

测定润滑剂摩擦磨损和极压性能的试验。

02.1268 抗磨损性能 anti-wear performance

润滑剂抵抗相对运动的零件表面上材料磨损和擦伤的能力。

02.1269 承载能力 load-carrying capacity

润滑剂在一定的试验条件下保持机具摩擦副正常工作所能承受的外加负荷。

02.1270 极压抗磨性 extreme pressure and anti-wear performance

润滑油保护润滑部件在高速、高温和高负荷苛刻条件下不发生过度磨损、胶合、擦伤、烧结等失效现象的能力。

02.1271 剪切安定性 shear stability

润滑剂在机械剪切作用下稠度变化程度的安定性。

02.1272 铁谱分析 ferrographic analysis

借助磁力将油液中的金属颗粒分离出来,并对这些颗粒进行分析的技术。

02.1273 滤清器堵塞倾向试验 filter plugging tendency test

模拟滤清器在发动机工作过程中被油品杂质阻塞的试验。用于评定油品的清净分散性。

02.1274 储存安定性 storage stability

油品在储存过程中,保持油品各种性质不发生变化的能力。

02.1275 抗抖动耐久性能 vibration endurance performance

油品润滑能够降低机械抖动,保持机械稳定的性能。

02.1276 发动机台架试验 engine bench test

将油样放在试验室内能代表使用性能的发动机中进行运转,根据运转情况和所得的结果来评价油品使用特性的试验。

02.1277 液压油抗磨性试验 hydraulic oil anti-wear test

将试样放入旋转叶片泵或柱塞泵装置运行一定时间,以泵的总磨损量作为试验结果来考察液压油抗磨性的试验。

02.1278 车辆齿轮油台架试验 automotive gear lubricants bench test

车辆齿轮油的锈蚀试验、高速低扭矩试验和手动变速箱同步器性能测试等试验的统称。

02.1279 行车试验 road test, fleet testing

按照预设程序模拟实际工况条件,考察润滑油在多辆汽车运行中所发生的一系列理化性能变化的试验。

02.1280 换油周期 oil drain interval

汽车每两次更换润滑油之间的行驶里程或时间。

02.1281 燃油消耗率 fuel consumption rate

在单位时间或单位里程内所消耗的燃油量。以 L/h 或 L/km 表示。

02.1282 机油消耗率 engine oil consumption rate

维持发动机良性运转时机油的消耗速率。

02.1283 油品抗纯氧试验 pure oxygen resistance test of oil product

用于检测一定温度下油品抗高压纯氧冲击和氧化能力的试验。

02.1284 黏温系数 viscosity temperature coefficient

评价油品在规定温度范围内黏温性的一个特征参数。计算方法是 0℃ 和 100℃ 黏度差与 50℃ 黏度的比值。

02.1285 密温系数 density temperature coefficient

评价油品在规定温度范围内密度随温度变化的一个特征参数。计算方法是密度差与相应温度差的比值。

02.1286 润滑脂分油性 oil separation from lubricating grease

润滑脂在一定温度和压力作用下基础油被析出的趋势。润滑脂分油量的试验方法主要有钢网分油、压力分油等。

02.1287 皂分 soap content in grease

皂基脂含有的金属皂的质量分数。通常以皂基脂中加入的脂肪酸的金属盐含量来计算。

02.1288 润滑脂机械安定性 mechanical stability of lubricating grease

润滑脂在机械剪切力作用下,其骨架结构体系抵抗从变形到流动和抵抗稠度变化的能力。

02.1289 润滑脂胶体安定性 colloid stability of lubricating grease

润滑脂在受热和受压力条件下保持胶体结构稳定、基础油不析出的能力。

02.1290 润滑脂化学安定性 chemical stability of lubricating grease

润滑脂抵抗氧化的能力。反映润滑脂化学安

定性优劣。

02.1291　润滑脂低温性能　low-temperature property of lubricating grease

润滑脂在低温环境下，稠度和黏度增大的程度和趋势。

02.1292　润滑脂流变性能　rheological property of lubricating grease

润滑脂在受到外力作用时所表现出来的流动和变形性质。

02.1293　润滑脂强度极限　breakdown point of lubricating grease

润滑脂在产生流动时所需的最小剪切应力。润滑脂强度极限由润滑脂的固体稠化剂的结构决定。

02.1294　润滑脂抗水淋性　water washout characteristics of lubricating grease

在规定试验条件下评价润滑脂抵抗从滚珠轴承中被水淋洗出来的能力。

02.1295　絮凝点　flock point

冷冻机油在相应制冷剂环境下使用时的最低温度。

02.1296　制动液高温稳定性　stability of brake fluid at high temperature

制动液在高温条件下的物理稳定性能。

02.1297　制动液低温流动性　fluidity of brake fluid at low temperature

制动液在低温条件下的流动性和稳定性。

02.1298　制动液抗氧化性　resistance of brake fluid to oxidation

制动液抵抗氧化衰变的能力。

02.1299　黏滑特性　stick slip property

摩擦副滑动时，摩擦力和滑动速度反复出现波动的现象称为黏滑。黏滑使摩擦副工作不稳定并时常伴有啸声和颤震。润滑剂防止黏滑出现的能力称为润滑剂的黏-滑特性。

02.1300　蜡抗张强度　tensile strength of wax

断裂有代表性的、特定形状的蜡样横断面所需的轴向应力。以 kPa 表示。

02.1301　石油蜡含油量　oil content of petroleum wax

石油蜡中油的含量。是石油蜡的主要质量指标之一，以质量百分比表示。

02.1302　石蜡热安定性　thermal stability of paraffin wax

石蜡在高温下防止自身颜色变深的能力。

02.1303　石蜡光安定性　light stability of paraffin wax

石蜡在紫外光照下防止自身颜色变深的能力。

02.1304　石蜡熔点　melting point of petroleum wax

石蜡固液相之间转变的温度。以℃表示。

02.1305　滴熔点　drop melting point

在试验条件下，石油蜡或石油脂由固态或半固态转变为液态时的温度。

02.1306　易炭化物　carbonizable substance

食品级和医药用石蜡或凡士林中的微量芳烃或其他不稳定物质。

02.1307　皂化值　saponification number

皂化 1g 油脂所需氢氧化钾的毫克数。以 mgKOH/g 表示。

02.1308　锥入度　cone penetration

在规定温度、荷重和时间下，标准锥体垂直穿入试样的深度。表征石油脂的稠度，以 1/10mm 表示。包括工作锥入度、非工作锥入度、延长锥入度等。

02.1309　冻凝点　congealing point

在试验条件下，熔化的石油蜡或石油脂冷却至停止流动时的最高温度。

02.1310　薄膜烘箱试验　thin film oven test

测定热和空气对沥青薄膜的影响,并检验其加热前后特定物性(如质量变化、针入度等)变化,以判断沥青抗热老化的性能试验。

02.1311 冻裂点 freezing breaking point
沥青试样在规定器皿内冷冻至发生裂纹时的温度。

02.1312 弗拉斯脆点 Fraas breaking point
沥青涂片在规定条件下冷却并弯曲至出现裂纹时的温度。

02.1313 感温性 temperature susceptibility
沥青对温度的敏感程度。常表征为黏度或稠度随温度变化而改变的程度。

02.1314 沥青表观黏度 apparent viscosity of asphalt
牛顿流体或非牛顿流体的剪切应力与剪切速率之比值。

02.1315 沥青蜡含量 wax content of asphalt
在规定条件下,沥青试样经裂解蒸馏所得到的馏出油脱出的蜡量。以质量分数表示。

02.1316 沥青软化点 asphalt softening point
在规定条件下,加热沥青试样使其软化至一定稠度时的温度。表示沥青高温性能指标之一。

02.1317 沥青延度 ductility of asphalt
在规定条件下,将沥青的标准试件拉伸至断裂时的长度。表示沥青抗裂性的指标之一,以 cm 表示。

02.1318 沥青动力黏度 asphalt viscosity
在规定温度和真空度的条件下,采用毛细管黏度计测定沥青所得到的动力黏度。

02.1319 沥青针入度 asphalt penetration
在规定条件下,标准针垂直穿入沥青试样的深度。表示沥青硬度的指标之一,以 1/10mm 表示。

02.1320 旋转薄膜烘箱试验 rolling thin film oven test
在规定条件下,鼓风加热旋转的沥青薄膜,并检验其加热前后特定的物理特性变化,以判断沥青抗热和空气老化性能的试验。

02.1321 催化裂化催化剂活性 fluid catalytic cracking catalyst activity, FCC catalyst activity
在固定的反应温度、反应压力和空速条件下,将原料转化成各种产品的能力。

02.1322 催化裂化催化剂活性评定 activity test of FCC catalyst
在微反活性测试装置上,采用标准原料在特定条件下评价催化裂化催化剂性能的方法。以进料质量转化率表示裂化活性。

02.1323 催化裂化催化剂小型固定流化床试验 fixed fluidized bed test of fluid catalytic cracking catalyst, FFB test of FCC catalyst
采用小型固定流化床反应装置评价催化裂化催化剂性能的方法。

02.1324 水热老化失活处理 hydrothermal deactivation
催化裂化催化剂减活预处理方法之一,通常是将新鲜剂在高温及水蒸气存在的条件下处理一定时间。

02.1325 微反活性指数 micro-activity index
采用微反装置在特定的操作条件下测得的催化裂化催化剂对标准原料油的质量转化率。

02.1326 催化裂化平衡剂活性 FCC equilibrium catalyst activity
系统中的催化剂活性达到稳定后的平衡催化剂的微反活性。

02.1327 催化裂化催化剂活性稳定性 activity stability of FCC catalyst
催化剂在使用时保持其裂化活性和选择性的能力。

02.1328　催化裂化催化剂水热稳定性　hydrothermal stability of FCC catalyst
裂化催化剂在高温水蒸气气氛中,保持其结构不受破坏,从而保持其裂化活性的能力。

02.1329　催化裂化催化剂选择性　selectivity of FCC catalyst
催化裂化催化剂将原料油转化为高价值目的产物(液化气、汽油和柴油)相对干气、焦炭等副产物的选择性裂化能力。

02.1330　流化催化裂化催化剂金属污染　metal contamination of fluid catalytic cracking catalyst
原料油中的镍、钒、铁和铜等金属在裂化反应过程中沉积到催化剂上,从而降低裂化活性和选择性,严重时造成催化剂结构的破坏和中毒失活。

02.1331　催化裂化催化剂污染指数　contamination index of FCC catalyst
表示催化裂化装置运转过程中重金属对催化剂的污染程度。

02.1332　活性中心可接近性　active site accessibility
反应物分子(如烃类等)接近催化剂表面活性中心的能力和程度。

02.1333　孔径分布曲线　pore size distribution curve
固体吸附剂或催化剂孔体积随孔径变化的分布曲线。

02.1334　孔体积　pore volume
又称“比孔容积”。固体吸附剂或催化剂等颗粒内单位质量的所有孔的体积总和。

02.1335　粒度分布曲线　particle size distribution pattern
固体颗粒粒度大小的分布曲线。

02.1336　激光粒度分析　laser particle size analysis
通过颗粒被激光光束照射产生的衍射或散射光的空间分布(散射谱)来分析颗粒大小的方法。

02.1337　催化裂化催化剂磨损指数　attrition index of FCC catalyst
在高速空气喷射流的作用下,使微球催化剂流呈流化态,导致颗粒的表面磨损和本体碎裂产生细粉而磨损的程度。其值等于催化剂磨损的质量损失百分数。

02.1338　催化裂化催化剂骨架密度　skeletal density of FCC catalyst
催化剂单位(不含空隙)颗粒固体体积的质量。常用比重瓶法来测定。

02.1339　催化裂化催化剂表观松密度　apparent bulk density of FCC catalyst
单位体积疏松装填的固体催化剂堆积颗粒的质量。

02.1340　催化剂表观堆密度　apparent compact density of catalyst
单位体积密实堆积催化剂颗粒的质量。

02.1341　催化剂颗粒密度　catalyst particle density of catalyst
单位表观体积内含固体催化剂颗粒的质量。

02.1342　硅铝比　silica-alumina ratio
催化剂或吸附剂中二氧化硅和三氧化二铝的摩尔比。若要表示 Si/Al 的比值,则称为硅铝原子比。

02.1343　固体酸性中心　solid acid site
在多相催化反应中,固体酸催化剂的催化活性中心。

02.1344　路易斯酸　Lewis acid
路易斯酸碱理论中具有接受电子对倾向(或能力)的物质。

02.1345　布朗斯特酸　Brφnsted acid
又称“质子酸”。具有给出质子倾向(或能力)的物质。

03. 煤制油及天然气

03.01 煤 制 油

03.0001 煤-油共处理 coal and oil co-processing

又称"煤-油共炼"。同时对煤和非煤衍生油在高温高压下进行临氢热解,生产运输燃料和化工原料的工艺。

03.0002 沥青烯 asphaltene

煤或煤液化产物中不溶于正己烷(或环己烷、正庚烷)而溶于苯或甲苯的物质。与石油沥青质类似。

03.0003 煤制油起始溶剂 initial solvent of coal-to-liquid

煤直接液化装置初始开车时,用来配置油煤浆的有较高供氢能力的体系外来油品。

03.0004 煤制油循环溶剂 recycle solvent of coal-to-liquid

来自煤直接液化过程产生的富含2~4环的芳烃和氢化芳烃的溶剂油。用来配置油煤浆。

03.0005 煤转化率 coal conversion rate

无水无灰基煤转化成气体、液体、四氢呋喃可溶重质物质的质量分数。

03.0006 煤浆 coal slurry

一定粒度的煤和溶剂或重油混合制成的浆液。

03.0007 煤浆浓度 concentration of coal slurry

干基煤占煤浆的质量分数。

03.0008 液化粗油 liquefaction crude oil

煤炭直接液化得到的初始液体产物。

03.0009 液化残渣 liquefaction residue

煤炭在加氢液化反应后,通过固液分离工艺将固体物与液化油分开所得的固体物。

03.0010 煤制油普通抽提 ordinary extraction of coal-to-liquid

在常压和≤100℃温度下,煤在普通的、非极性低沸点溶剂(如苯、乙醇、氯仿等)中的抽提过程。

03.0011 煤制油特定抽提 specific extraction of coal-to-liquid

煤在200℃以下,在具有电子给予体性质的亲核性溶剂(如吡啶、酚类、胺类和带有或不带有芳烃或羟基取代基的低脂肪胺和其他杂环碱等)中的抽提过程。

03.0012 煤制油超临界抽提 supercritical extraction of coal-to-liquid

以甲苯、异丙醇或水为溶剂,煤在超过溶剂临界点条件下进行的抽提过程。

03.0013 煤制油热解抽提 pyrolysis extraction of coal-to-liquid

用高沸点多环芳烃(如菲、联苯等)或焦油馏分作为溶剂,在400℃左右伴有热解反应的情况下萃取煤的过程。

03.0014 煤制油加氢抽提 hydrogenation-extraction of coal-to-liquid

采用供氢溶剂(如四氢萘或9,10-二氢菲)或非供氢溶剂,在高氢压下,在大于400℃的温度下萃取煤,同时发生激烈的热解和加氢反应的抽提过程。属于煤直接加氢液化法。

03.0015 煤炭水分 moisture content of coal

在一定环境温度和湿度下,煤与大气达到接近平衡时所失去的那部分水(外在水)和留下来的内在水分。一般分为收到基水分(外在水和内在水)、空干基水分(内在水)。

03.0016 煤炭灰分 ash content of coal
煤样在规定条件下完全燃烧后剩下来的残渣，主要为所含矿物质发生一定化学变化后的残留物。

03.0017 煤炭挥发分 volatile matter content of coal
煤在与空气隔绝的容器中，在一定高温下加热一定时间后，从煤中分解出来的液体(蒸气状态)和气体减去其水分后的产物。

03.0018 桥键 bridge bond
联结煤基本结构单元的化学键。一般有次甲基键、醚键和硫醚键、次甲基醚键和次甲基硫醚键、芳香碳-碳键。

03.0019 空气干燥基 air dry basis
以与空气湿度达到平衡状态的煤为表示分析结果的基准。

03.0020 干燥基 dry basis
以假想无水状态的煤为表示分析结果的基准。

03.0021 干燥无灰基 dry ash-free basis
又称"可燃基"。假想无水、无灰状态的煤为表示分析结果的基准。

03.0022 收到基 as received basis
以收到状态的煤为表示分析结果的基准。

03.0023 芳香度 aromaticity
又称"芳碳率"。芳香烃中的碳原子数与总碳原子数之比。

03.0024 希尔施物理结构模型 Hirsch physical structure model
不同变质程度煤的三种结构模型。包括年轻烟煤的敞开式结构、中等变质烟煤的液态结构、高变质无烟煤结构。

03.0025 怀泽化学结构模型 Wiser chemical structure model
针对年轻烟煤(碳含量82% ~83%)能基本反映煤分子结构的模型。可以合理解释煤的液化以及其他化学反应性质。

03.0026 煤溶胀 coal swelling
在亲电和亲核试剂作用下，打破煤结构中的小分子相和结构单元间的弱键，使煤样的体积膨胀、结构改变和重排的过程。

03.0027 煤阶 coal rank
又称"煤级"。反映煤化作用深浅程度的等级。

03.0028 煤岩分析 microlithotype analysis
用肉眼或运用光学仪器研究自然状态下固体可燃矿产并作为有机岩石加以研究的分析方法。

03.0029 [煤的]岩相组成 petrographic composition of coal
用肉眼或运用光学仪器可区分的固体可燃矿产的基本单元的组成类型。

03.0030 镜质组 vitrinite
由植物的木质纤维组织受凝胶化作用形成的显微组分的总称。

03.0031 壳质组 liptinite, exinite
由植物皮壳组织和分泌物，以及与这些物质相关的次生物质，即孢子、角质、树皮、树脂及渗出沥青等形成的反射力最弱的显微组分的总称。

03.0032 惰质组 inertinite
由成煤植物的木质纤维组织受丝炭化作用或火焚作用形成的显微组分的总称。

03.0033 矿物质 minerals
煤中伴生的所有无机组分。

03.0034 灰成分分析 ash composition analysis
煤炭燃烧后剩余灰的金属和非金属的组成分析。

03.0035 黄铁矿 pyrite
主要成分是铁的二硫化物，化学式为 FeS_2。

是提取硫、制造硫酸的主要矿物原料。

03.0036　磁黄铁矿　pyrrhotite
一种铁的硫化矿物，其化学式为 $Fe_{1-x}S$（x = 0～0.17）。是煤液化催化剂的主要活性相。

03.0037　钼灰　Mo ash
钼矿冶炼炉烟道气中的飞灰。主要成分为 MoO_3。

03.0038　水合氧化铁　hydrous iron oxide
一种铁的水合氧化物，化学式为 $Fe_2O_3 \cdot xH_2O$。是制造磁粉的原料，也用于煤液化催化剂。

03.0039　气液比　gas-liquid ratio
气体标准状态下的体积流量与煤浆体积流量之比。

03.0040　高压煤浆泵　high pressure pump for coal slurry
将煤浆以一定流量从常压送入高压系统内的泵。

03.0041　单段液化工艺　single-stage coal liquefaction process
通过一个主反应器或几个串联的反应器生产液体产品的工艺。

03.0042　两段液化工艺　two-stage coal liquefaction process
通过两个不同功能的反应器或两套反应装置生产液体产品的工艺。

03.0043　热溶解　thermal dissolution
煤与溶剂加热到低于液化温度，煤中有些弱键发生断裂，产生可萃取物质的过程。

03.0044　自由基碎片　free radical fragment
在一定温度下，煤中弱键断裂后产生的以煤的结构单元为基础，并在断裂处带有未配对电子的分子碎片。

03.0045　煤的解聚　coal depolymerization
在反应温度低于300℃和催化剂作用下，切断煤大分子结构单元中C–C、C–O、C–N和C–S等交联键，尽量减少一次解聚物之间发生二次反应，避免大分子骨架结构变化的过程。

03.0046　氢利用率　hydrogen utilization
液化油产率与氢耗量的比值。

03.0047　费–托合成　Fischer-Tropsch synthesis, F-T synthesis
以合成气（CO和 H_2）为原料，在催化剂（主要是铁、钴和钌）作用和适当反应条件下合成液体燃料和石蜡的工艺过程。

03.0048　浆态床费–托合成工艺　slurry-bed Fischer-Tropsch synthesis
合成气（H_2+CO）以鼓泡方式向上通过含有细粒子催化剂的液相介质进行反应的过程。

03.0049　固定床费–托合成工艺　fixed-bed Fischer-Tropsch synthesis
合成气（H_2+CO）以气体方式通过固定床费–托合成催化剂床层进行反应的过程。

03.0050　甲醇制烯烃　methanol to olefin
在一定的反应条件和催化剂作用下，使甲醇转化为乙烯、丙烯等低碳烯烃的工艺。

03.0051　甲醇制丙烯　methanol to propene
以多产丙烯为目的的甲醇制烯烃工艺。

03.0052　合成油　synthetic oil
相对于矿物油而言，借助化学反应由较低相对分子质量成分形成较高相对分子质量成分的混合物。如费–托合成油、合成润滑油等。

03.0053　醇醚燃料　alcohol ether alternative fuel
由各种含碳氢化合物（如煤炭、石油、天然气或生物质等）经过气化后再由合成气合成的低碳含氧燃料。如甲醇和二甲醚。

03.0054　煤气化　coal gasification
以原料配煤或煤焦为原料，以氧气（包括空

气、富氧或纯氧)、水蒸气等作气化剂,在高温条件下通过化学反应将煤或煤焦中的可燃部分转化为气体燃料的过程。

03.0055　合成气　synthesis gas
由含碳物质产生的以一氧化碳和氢气为主要组分的气体。

03.0056　合成气净化　syngas purification
采用物理或化学方法除去气体中的杂质如硫化氢、氧硫化碳、二氧化碳等的过程。

03.0057　冷阱料　cold trap material
在冷阱中收集到的费-托合成反应流出物。主要为液体油相产物和液体水相产物。

03.0058　热阱料　hot trap material
在热阱中收集到的费-托合成反应流出物。热阱放出的蜡样经冷却后成固态。

03.0059　烃时空收率　space time yield of hydrocarbon
在给定反应条件下,单位时间内,单位体积(或质量)催化剂能获得的某一烃类产物量。

03.0060　煤焦油　coal tar
煤在隔绝空气加强热时热解过程中所得到的一种黑褐色黏稠液体产物。

03.0061　高温费-托合成　high temperature Fischer-Tropsch synthesis
反应温度在300℃以上,使用熔铁催化剂,在循环流化床或固定流化床中进行,生产高烯烃含量的费-托合成工艺。

03.0062　低温费-托合成　low temperature F-T synthesis
反应温度在250℃以下,使用沉淀铁或负载钴催化剂,在固定床或浆态床反应器中进行,生产蜡、柴油和石脑油的费-托合成工艺。

03.0063　列管式反应器　shell and tube reactor
由圆筒形壳体和内部竖置的管束组成,管内填充催化剂,管外为加压饱和水或其他取热介质,利用水的沸腾蒸发或取热介质来控制反应温度的反应器。

03.0064　煤制油　coal-to-liquid
以煤炭为原料,通过化学加工过程生产油品和化工产品的技术。包含煤直接液化和煤间接液化两种技术路线。

03.0065　气制油　gas-to-liquid
以天然气等气相含碳物质为原料,通过化学加工过程生产油品和化工产品的技术。

03.0066　煤灰熔融性　coal ash fusibility
煤灰在高温下达到熔融状态的温度。通常用变形、软化、半球和流动特征物理状态相对应的温度来表征。

03.0067　煤灰黏温特性　coal ash viscosity-temperature property
煤的灰分在不同温度下熔融时所表现的流动性。

03.0068　煤的结渣特性　ash slagging property
反映煤灰在气化或燃烧过程中成渣的特性。对评价煤的加工利用特性非常重要。

03.0069　煤浆黏度　coal slurry viscosity
煤直接液化中,原料煤与循环油以一定的比例制成的油煤浆随温度变化其黏度也发生明显变化的特性。

03.0070　煤溶剂萃取　solvent extraction of coal
通过溶剂具有的授-受电子能力将煤中小分子相释放出来的过程。

03.0071　混合溶剂萃取　mixed solvent extraction
使用两种及以上的溶剂进行煤溶剂萃取的过程。

03.0072　煤液化效率　efficiency of coal liquefaction
煤液化过程中液化的煤和总用煤量的比值。

03.0073 煤干馏 coal carbonization

又称“煤的焦化”。将煤隔绝空气加热使其分解的过程。

03.0074 煤直接液化 direct coal liquefaction

又称“加氢液化”。在高温(400℃以上)、高压(10MPa以上)和催化剂、溶剂作用下,使煤的分子进行裂解加氢,直接转化成液体燃料,再进一步加工精制成汽油、柴油等燃料油的技术。

03.0075 煤间接液化 indirect coal liquefaction

对原料煤进行气化,再做净化处理后,得到一氧化碳和氢气的原料气,然后通过费-托合成生产出有关油品或化工产品的技术。

03.0076 甲醇制汽油 methanol to gasoline

以甲醇作原料,在一定温度、压力和空速下,通过特定催化剂的脱水、低聚、异构等作用转化为C_{11}以下的烃类油的技术。

03.0077 煤制天然气 coal to natural gas

以煤炭为原料,气化生产合成气,经净化和转化以后,在催化剂的作用下发生甲烷化反应,生产热值符合规定的替代天然气的技术。

03.0078 合成天然气 synthetic natural gas

根据甲烷化反应原理,利用相应的设备将含碳资源转化为甲烷的技术。如煤制天然气。

03.0079 煤化工 coal to chemical technology

以煤为原料,经化学加工使煤转化为气体、液体和固体燃料以及化学品的技术。包括传统煤化工和现代煤化工。

03.0080 褐煤提质 lignite upgrading

褐煤在小于250℃温度脱去大部分游离水后,用甲苯等有机物提取褐煤蜡、腐植酸的过程。

03.0081 低温甲醇洗 rectisol

以冷甲醇为吸收溶剂,利用甲醇在低温下对酸性气体溶解度极大的特性,脱除合成气原料中的酸性气体的工艺。

03.0082 碳一化学 C_1 chemistry

又称“一碳化学”。研究以含有一个碳原子的物质(CO、CO_2、CH_4、CH_3OH及HCHO)为原料合成工业产品的有机化学及工艺。

03.0083 低碳醇 lower alcohol

全称“低碳混合醇”。由C_1—C_5醇构成的液体混合物。

03.0084 供氢指数 proton donor quality index

每克溶剂中环烷基芳烃上环烷基β位活性氢的毫克数。

03.0085 前沥青烯 preasphaltene

煤或煤液化产物中不溶于苯而溶于四氢呋喃(或吡啶)的物质。平均相对分子质量约1000,杂原子含量较高。

03.0086 油产率 oil yield

煤液化产物中正己烷可溶物占无水、无灰基原料煤的质量百分数。

03.0087 沥青烯产率 asphaltene yield

煤液化产物中苯可溶而正己烷不溶物占无水、无灰基原料煤的质量百分数。

03.0088 前沥青烯产率 preasphaltene yield

四氢呋喃(或吡啶)可溶而苯不溶物占无水、无灰基原料煤的质量百分数。

03.0089 沸腾床反应器 ebullated-bed reactor

气-固流化床反应器。有单段式和多段式两类,单段式又有非循环操作和循环操作两种。

03.0090 循环泵 circulating pump

煤直接液化中一般特指用于反应器高温高压物料循环的屏蔽泵。

03.0091 油煤浆 coal-oil slurry

一定粒度的煤和溶剂或重油混合制成的浆液。黏度一般为50~500(mPa·s),一般用于煤直接液化或油煤共炼等。

03.0092 煤制低碳醇 coal to lower alcohol

以煤炭为原料，通过化学加工过程生产低碳醇产品的技术。

03.0093　能源转化效率　energy conversion efficiency

一定时期内，能源经过加工、转化后，产出的各种能源产品的数量与同期投入加工转换的各种能源数量的比率。

03.0094　氧煤比　the ratio of oxygen to coal

进入气化炉的氧的数量和进入气化炉的煤的数量的比值。

03.0095　灰熔点　ash fusion point

固体燃料中的灰分达到一定温度以后，发生变形、软化和熔融时的温度。

03.0096　煤焦油加氢　hydrogenation of coal tar

采用加氢处理技术将煤焦油所含的金属杂质、灰分和硫、氮、氧等杂原子脱除，并将其中的烯烃和芳烃进行饱和，生产质量优良的石脑油馏分和柴油馏分的过程。

03.0097　水煤浆　coat water slurry

由大约65%的煤、34%的水和1%的添加剂通过物理加工得到的一种低污染、高效率、可管道输送的代油煤基流体燃料或气化原料。

03.0098　冲洗油　flushing oil

用来冲洗、置换管线或设备里面重油的介质。

03.0099　干气　dry gas

煤化工装置产生的一种气体，其主要成分为甲烷、乙烷等气体。炼油厂也生产类似的气体。

03.0100　解析气　stripping gas

煤化工产业中产生的一种气体，其主要成分为一氧化碳、硫化氢等气体。

03.0101　固定碳含量　fixed carbon content

煤炭除去水分、灰分和挥发分后的残留物。

03.0102　固定碳　fixed carbon

煤经热解出挥发分之后，剩下的不挥发物称为焦渣，焦渣减去灰分称为固定碳。

03.02　煤制天然气

03.0103　煤气　coal gas

煤炭在高温(或有水蒸气)条件下，裂解产生的可燃性气体。

03.0104　煤气的[弹]热值　calorific value of coal gas

标准状态下1m³煤气在完全燃烧时所放出的热量。如果燃烧产物中的水分以液态形式存在称为高发热值，如水以气态形式存在称为低发热值。

03.0105　煤的反应性　reactivity of coal

又称“煤的化学活性”。煤在高温下与气化剂中的氧、水蒸气、二氧化碳等的反应能力。

03.0106　煤的机械强度　mechanical strength of coal

煤的抗碎、抗磨和抗压等性能的综合体现。

03.0107　煤的热稳定性　thermostability of coal

块煤在高温下燃烧和气化过程中对热的稳定程度，即块煤在高温下保持原来粒度的能力。

03.0108　煤的外在水分　free moisture of coal

附着在煤的表面和被煤的表面大毛细管吸附的水。

03.0109　煤的内在水分　inherent moisture of coal

吸附和凝聚在煤颗粒内部毛细管中的水。

03.0110　煤的挥发分　fugitive constituent of coal

把煤隔绝空气加热到900℃左右，煤中的有机质和一部分矿物质分解成气体或液体逸出，减去其中的水分，就是挥发分。

03.0111 煤的反射率 reflectivity of coal

煤对垂直入射于磨光面上光线的反射能力。一般指镜质组成反射率,是鉴定煤化度的重要指标。

03.0112 煤的黏结性 caking property of coal

煤粒(d<0.2m)在隔绝空气受热后能否黏结其本身或惰性物质(即无黏结力的物质)成焦块的性质。

03.0113 气化强度 intensity of gasification

单位时间、单位气化炉截面积上处理的原料煤质量或产生的煤气量。

03.0114 气化能力 gasification capacity

气化炉的生产能力,即单位时间内入炉煤的气化量。

03.0115 气化效率 gasification efficiency

所制得的煤气热值和所使用的原料煤热值之比。

03.0116 煤气产率 gas yield

单位质量的原料煤气化后所得到的煤气量。

03.0117 煤的结渣性 coal clinkering property

煤在气化和燃烧过程中的灰渣结块的程度。

03.0118 汽氧比 ratio of steam to oxygen

煤气化反应过程中蒸汽与氧气的比值。

03.0119 气化反应温度 gasification temperature

气化炉中的气化反应床层温度。

03.0120 气化剂温度 temperature of gasification agent

气化剂入炉前的温度。

03.0121 碳转化率 carbon conversion

单位质量煤生成煤气中的碳占单位质量煤中碳的百分率。

03.0122 冷煤气效率 cold gas efficiency

气化生成煤气的化学能与气化用煤的化学能之比。

03.0123 两相模型 two-phase model

煤炭中以芳环为主体的结构单元通过桥键-交联键构成三维空间大分子网络,而其小分子则以非共价键缔合于网络结构空隙中,形成大分子-小分子结构的模型。该模型能解释煤的许多性质。

03.0124 煤锁 coal lock

用于向气化炉间歇加煤的压力容器。

03.0125 灰锁 coal ash lock

将气化炉炉篦排出的灰渣通过升、降压间歇操作排出炉外,而保证气化炉连续运转的压力容器。

03.0126 炉篦 revolving grate

设置在气化炉的底部,支撑炉内燃料煤层,均匀地将气化剂分布到气化炉的横截面上,维持在各层的移动,将气化后的灰渣破碎并排出的装置。

03.0127 变换率 conversion rate

一氧化碳在变换反应中的变换程度。即参与变换反应消耗掉的一氧化碳体积占变换前煤气中一氧化碳体积的百分比。

03.0128 水气比 steam-gas ratio

入变换炉的水蒸气与煤气中 CO 的体积比。

03.0129 催化剂反硫化 catalyst devulcanization

钴钼系催化剂中的活性组分 CoS 和 MoS_2 在一定的温度下,在蒸气和 H_2S 存在条件下,发生了硫化反应的逆反应,重新转化成了无活性的 CoO、MoO_2 的反应。

03.0130 焦油 coal tar

煤炭、油页岩和木材等经干馏而得到的油状产物。

03.0131 煤气水 gas liquor

从加压气化制得的粗煤气中,由洗涤冷却器、废热锅炉和热交换器中冷却下来的产物。

03.0132 粗酚 crude phenol
在酚氨回收工段产生的除含有苯酚、甲酚、二甲酚等有机成分外,还含有焦化酚水、轻馏分、酚渣等杂质的一种混合物。

03.0133 氢碳比 hydrogen to carbon ratio
氢碳质量比或者氢碳摩尔比。

03.0134 模值 mole value
进甲烷化装置原料气中氢碳组分的比值。

03.0135 原料气比重 feed gas specific gravity
原料气中用来表示 H_2 : CO 比例变化的指标。

03.0136 华白指数 Wobbe number
又称"热负荷指数"。表示热负荷的参数(发热指数),是一项控制燃具热负荷稳定状态的指标。

03.0137 燃烧势 combustion potential
燃气燃烧速度指数。反映燃烧稳定状态的参数,即反映燃烧火焰产生离焰、黄焰、回火和不完全燃烧的倾向性参数。

03.0138 焦炉煤气 coke oven gas
对煤进行干馏得的气体。

03.0139 发生炉煤气 gasifier gas
煤(或焦炭)在不完全条件下燃烧得到的煤气。

03.0140 水煤气 water gas
高温的炭与水蒸气发生反应产生的气体。

03.0141 大量甲烷化反应 bulk methanation
在煤制天然气过程中,生产大量的甲烷气体的反应阶段。

03.0142 补充甲烷化反应 trim methanation
完成主要反应阶段未进行的甲烷化反应。使反应平衡后产品中达到要求的甲烷含量。

03.0143 甲烷化催化剂 methanation catalyst
烃类水蒸气转化制氢和煤制气过程中,使一氧化碳、二氧化碳与氢气在高温条件下加快化学反应的物质。

04. 生物质制油

04.01 基本概念

04.0001 生物质 biomass
直接或间接利用光合作用形成的有机物质。包括所有的植物、微生物及其代谢物。

04.0002 生物质能 biomass energy
生物质中以化学能形式储存的能量,经光合作用由太阳能转化而来,属可再生能源。

04.0003 生物液体燃料 liquid biofuel
利用生物质资源生产的、能产生动力或热能、常温下呈液态的物质。如生物乙醇、生物喷气燃料、生物柴油等。

04.0004 能源植物 energy plant
以提供能源为目的而专门培育和种植的草本或木本植物。

04.0005 废弃生物质 waste biomass
工农业生产和居民生活中废弃的有机物质。如农作物秸秆、林产废弃物、畜禽粪便、城市垃圾等。

04.0006 木本类生物质 woody biomass
来源于木本植物的有机物质。包括根须、木干、枝叶和果实等。

04.0007 草本类生物质 herbaceous biomass
来源于草本植物的有机物质。包括根须、秸秆和果实等。

04.0008　水生生物质　aquatic biomass

淡水和咸水中生物体产出的有机物质。

04.0009　甜高粱　sweet sorghum

禾本科高粱属一年生草本植物,可作为粮食、糖料或饲料作物栽培,也可作为一种能源作物栽培。

04.0010　木薯　cassava

又称"树薯"。大戟科木薯属植物,灌木状多年生作物,块根含淀粉,可提取淀粉,也可发酵制乙醇等。

04.0011　麻疯树　jatropha

又称"小桐子"。大戟科麻疯树属,灌木或小乔木,广泛分布于亚热带及干热河谷地区,喜阳光,根系粗壮发达,卵圆形果实,果仁含油率50%~60%,不可食用,可作为生物柴油原料。

04.0012　柳枝稷　switchgrass

禾本科稷属的植物,多年生丛生型禾草,根茎和种子繁殖。柳枝稷为 C_4 植物,能高效进行光合作用。

04.0013　微藻　microalgae

陆地、湖泊、海洋中分布广泛的单细胞或简单多细胞的微生物。生长繁殖迅速,能高效进行光合作用,可用于能源生产、污水处理和 CO_2 减排。

04.0014　光反应器　photoreactor

使用透光材料制造、可进行光反应的装置。分为光化学反应器和光生物反应器。

04.0015　棕榈油　palm oil

从油棕树结出的成熟棕果果肉中榨取的植物油。饱和度一般大于50%,是重要的食用油品种,也是油脂化学和生物柴油工业的重要原料。

04.0016　酸化油　acid oil

利用植物油精炼厂的副产品皂脚和油脚经酸化加工得到的油。其中的游离脂肪酸含量远高于中性油,杂质含量高,可作为生产油脂化学品或生物柴油的原料。

04.0017　非食用油脂　nonedible oil and fat

不宜在制作食品过程中使用的动物或者植物油脂。含有对人体有毒害物质,通常作为工业原料。如过期食用油、废弃油脂、桐油、大蓖麻油、巴豆油、麻疯树油等。

04.0018　纤维素　cellulose

由葡萄糖单元通过共价键连接而成的大分子多糖。纤维素水解后能生产葡萄糖,可进一步发酵生产乙醇。

04.0019　半纤维素　hemicellulose

由多种不同类型的单糖通过共价键连接而成的大分子异质多糖。是细胞壁重要组成部分,结合在纤维素微纤维的表面,相互连接,构成了坚硬的网状结构。

04.0020　木质素　lignin

由苯基丙烷衍生物单体(对香豆醇、松柏醇、5-羟基松柏醇、芥子醇)形成的复杂酚类聚合物。是构成植物细胞壁的成分之一,位于纤维素纤维之间,起抗压作用。

04.0021　生物炼油厂　biorefinery

应用生物和化学技术将生物质转化为各种用途的基本原料、燃料和其他产品的工厂。

04.0022　生物[燃]气　biogas

从生物质转化而来、含有一种或多种可燃烧气体的物质。包括沼气、合成气和氢气。

04.0023　沼气　marsh gas

有机物质在厌氧和温度、湿度、酸度适宜条件下,经过微生物发酵生成的一种混合气体。

04.0024　糖化酶　glucoamylase

又称"葡萄糖淀粉酶"。世界上产量最大的酶制剂,能水解断开淀粉的 α-1,4 葡萄糖苷键转化为葡萄糖,还能水解糊精。

04.0025　糖化剂　saccharifying agent

淀粉转化为可发酵性糖时所用的催化剂。包括有微生物制成的糖化曲和酶制剂,如麸曲、液体曲、糖化酶等。

04.0026 非粮燃料乙醇 non-grain fuel ethanol
以不宜食用、含淀粉或二聚糖的作物种实和茎秆为原料发酵生产的燃料乙醇。常见的非粮原料有甘蔗、木薯、甜高粱等。

04.0027 淀粉质燃料乙醇 starch-based fuel ethanol
以含淀粉的作物种实为原料,发酵生产的燃料乙醇。

04.0028 纤维素燃料乙醇 cellulose fuel ethanol
以植物中纤维素为原料,发酵生产的燃料乙醇。

04.0029 变性燃料乙醇 denatured fuel ethanol
通过发酵生产的无水乙醇中加入变性剂使其不适于饮用的燃料乙醇。

04.0030 变性剂 denaturant
添加到燃料乙醇中使其不能饮用的一种添加剂。通常是车用汽油用的烃类调和组分。

04.0031 车用乙醇汽油 ethanol gasoline for motor vehicles
变性燃料乙醇和汽油以一定的比例调配而成的点燃式车用发动机燃料。

04.0032 E10汽油 E10 ethanol gasoline
含10%(体积分数)变性燃料乙醇的车用乙醇汽油。

04.0033 生物丁醇 biobutanol
以淀粉、纤维素等生物质为原料,通过厌氧菌微生物发酵生产而得到的生物燃料。伴产丙酮。作为燃料,生物丁醇优于乙醇,用作汽油添加剂性能更好。

04.0034 生物柴油 biodiesel
油脂和醇通过酯交换和/或酯化反应生产的物化性质与柴油相近的液体燃料。其化学成分主要是长链脂肪酸的单烷基酯,通常主要指脂肪酸甲酯。

04.0035 单甘油酯 monoglyceride
单脂肪酸甘油酯类的化合物。是油脂生产生物柴油的中间产物之一,继续和醇反应转化为生物柴油;也是一种常用的乳化剂,主要成分为单十六或十八烷基酸甘油酯。

04.0036 二甘油酯 diglyceride
二脂肪酸甘油酯类化合物。是油脂生产生物柴油的中间产物之一,继续和醇反应转化为单甘脂。

04.0037 游离甘油 free glycerol
溶解在生物柴油中的甘油。含量限定在不大于0.02%(质量分数)。

04.0038 总甘油 total glycerol
生物柴油中存在的游离甘油和三甘酯、二甘酯、单甘酯分子上所含的甘油基团,含量限定在不大于0.24%(质量分数)。

04.0039 BD100生物柴油 BD100 biodiesel blend stock
符合国家标准的柴油机燃料调和用的生物柴油。主要化学成分为高级脂肪酸甲酯,含量不低于96.5%(质量分数)。

04.0040 B5生物柴油混合燃料 B5 biodiesel fuel blend
符合国家标准、由2%～5%(体积分数)BD100生物柴油与95%～98%(体积分数)石油柴油调和而成的柴油燃料。

04.0041 B20生物柴油混合燃料 B20 biodiesel fuel blend
用20%(体积分数)BD100生物柴油与80%(体积分数)石油柴油调和而成的柴油燃料。

04.0042 第二代生物柴油 second generation biodiesel
油脂及其衍生物通过加氢脱氧和异构降凝生产

的柴油组分。物化性质和成分与石油柴油近似，十六烷值高，可以任何比例与石油柴油混合。

04.0043 生物油 bio-oil
生物质通过隔绝氧气条件下热裂解后冷凝或高压液化产生的油状液体。可用来生产燃料或化学品。

04.0044 生物喷气燃料 bio-jet fuel
由生物质生产、物化性质及化学成分和石油喷气燃料近似的航空燃料，可以与石油喷气燃料混合使用。

04.0045 生物质合成油 biomass synthetic oil
用生物质气化产生的二氧化碳和氢气通过费-托合成制备的烃类产物。

04.0046 生命周期 life cycle
生物燃料从原料采集、原料处理、产品制造和加工、包装、运输、分销，消费者使用、回用和维修，最终再循环或作为废物处理等环节组成的整个过程的生命链。

04.0047 生命周期评价 life cycle assessment
用于评估产品在其整个生命周期中，即从原材料的获取、产品的生产、产品使用及使用后的处置，对环境影响的技术和方法。

04.0048 先进生物燃料 advanced biofuel
生命周期内温室气体排放比参考基准减50%的新型生物燃料。原料不与人争粮、争油，来源更广泛，生产效率更高和产量更大，减排效果更显著。如纤维素乙醇、微藻生物燃料等。

04.0049 碳循环 carbon cycle
碳元素在自然界的循环状态。包括大气圈、水圈和生物圈中碳的循环。

04.0050 碳生物循环 biological carbon cycle
生物圈中的碳循环。包括碳在动、植物及环境之间的迁移。

04.02 加工工艺

04.0051 固化成型 curing
生物质经干燥、粉碎到一定粒度后，在一定温度、湿度和压力下发生机械变形和塑性变形，成为形状规则、密度较大、燃烧值较高的固体燃料的过程。

04.0052 原料蒸煮 material cooking
特指乙醇生产中淀粉质原料的水热处理过程，使淀粉由颗粒状态变成近溶解状态的糊液的过程。

04.0053 淀粉糖化 starch saccharification
在微生物或酶的作用下淀粉转化生成糖的过程。

04.0054 同步糖化发酵 simultaneous saccharification and fermentation
糖化酶与菌种加入同一反应器，将酶催化水解碳水化合物底物与酶发酵同步偶合的过程。

04.0055 固态发酵 solid fermentation
在没有或几乎没有自由水存在下，一定湿度的水不溶性固态基质中，用一种或多种微生物发酵的一个生物反应过程。

04.0056 乙醇蒸馏 ethanol distillation
发酵生产乙醇过程中的一道工序，采用蒸馏方法把乙醇从发酵液中分开并浓缩乙醇的过程。

04.0057 乙醇脱水 ethanol dehydration
发酵生产乙醇过程中的一道工序，从蒸馏乙醇中进一步脱除水分，制备无水乙醇的过程。常用的方法有共沸精馏、萃取精馏、吸附法和膜分离法等。

04.0058 二代燃料乙醇技术 technology of the second generation fuel-ethanol
以纤维素等非食用生物质为原料生产燃料乙醇的技术。

04.0059 丙酮－丁醇发酵 acetone-butanol fermentation

糖转化生成丁醇和丙酮的发酵过程。菌种为严格厌氧型的丁酸梭菌和丙酮丁醇梭菌，在发酵中可同时产生乙酸、丁酸、乙醇等，并放出 CO_2 和 H_2。

04.0060 酯化 esterification

醇与羧酸或无机含氧酸在一定条件下反应生成酯和水的过程。酯化反应是含酸油脂制备生物柴油的基本反应。

04.0061 酯交换 lipid exchange

酯和醇在一定条件下反应生成新酯和新醇的过程。酯交换反应是中性油脂制备生物柴油基本反应。

04.0062 超临界甲醇醇解 supercritical methanolysis

在超临界甲醇环境中有机酸和/或酯发生的酯化和/或酯交换反应的过程。该过程不使用酸催化剂或碱催化剂，避免了使用催化剂带来的各种问题。

04.0063 酶催化醇解 enzymatic alcoholysis

在生物酶催化作用下有机酸或酯发生酯化或酯交换反应的过程。

04.0064 常压气化 atmospheric pressure gasification

固体生物质在 0.1～0.12MPa 压力和气化剂存在下进行部分氧化转化成 CO、H_2、CH_4 等可燃性气体的过程。

04.0065 加压气化 pressurized gasification

固体物质在 0.5～2.5MPa 压力下并在气化剂存在下进行部分氧化转化成 CO、H_2、CH_4 等可燃性气体的过程。

04.0066 间接气化 indirect gasification

利用外部供给的热量加热生物质使之在缺氧状况下气化的过程。

04.0067 水热气化 hydrothermal gasification

生物质在高温高压水蒸气中裂解转化成以 H_2、CH_4、CO 和 CO_2 为主的气体（大部分溶解在水中，冷却后与水分离）以及少量液态产物的过程。

04.0068 水热液化 hydrothermal liquefaction

生物质在高温高压（300℃，10MPa）热水中使用催化剂，进行热分解转化生成溶解在水相中的液体产物的过程。

04.0069 生物质快速热解 fast pyrolysis of biomass

生物质在隔绝氧气或有少量氧气存在的条件下，通过高温固体热载体快速加热到适当的温度，使生物质在短时间内裂解为焦炭和气体的过程。

04.0070 快速热解反应器 fast pyrolysis reactor

实现生物质进行快速裂解生产液体燃料的反应器。包括旋转锥反应器、流化床反应器、循环流化床反应器、烧蚀反应器、真空移动床反应器等。

英 汉 索 引

A

anticorrosive additive 防腐剂 02.0849
antifoam additive 抗泡剂 02.0822
anti-icing additive 防冰剂 02.0827
anti-knock additive 抗爆剂 02.0835
anti-knock index 抗爆指数 02.1192
anti-oxidant 抗氧剂 02.0823
antioxidant and anticorrosive agent in furfural refining 糠醛精制抗氧缓蚀剂 02.0942
antioxidation additive *氧化抑制剂 02.0823
anti pre-ignition additive 抗早燃剂 02.0837
antirust grease 防锈润滑脂 02.1067
antirusting additive 防锈剂 02.0824
antirust property 防锈性 02.1261
antistatic additive 抗静电剂 02.0825
antiwear additive 抗磨剂 02.0842
anti-wear index of jet fuel 喷气燃料抗磨指数 02.1235
anti-wear performance 抗磨损性能 02.1268
API gravity API[重]度,*比重指数 01.0101
apparent bulk density 表观堆积密度,*表观体积密度,*堆积比重 02.0084
apparent bulk density of FCC catalyst 催化裂化催化剂表观松密度 02.1339
apparent compact density of catalyst 催化剂表观堆密度 02.1340
apparent incipient bubble velocity 表观起始鼓泡速度 02.0092
apparent viscosity of asphalt 沥青表观黏度 02.1314
aquatic biomass 水生生物质 04.0008
aromaticity 芳香度,*芳碳率 03.0023
aromatic potential content 芳烃潜含量 02.0358
aromatics 沥青芳香分 02.0741
aromatics fractionation process 芳烃精馏 02.0365
aromatics liquid-liquid extraction 芳烃液液抽提 02.0791
aromatics separation 芳烃分离 02.0371
aromatization index 芳构化指数 02.0359
ash 灰分 02.1233
ash composition analysis 灰成分分析 03.0034
ash content of coal 煤炭灰分 03.0016
ash content of crude oil 原油灰分 02.1159
ash fusion point 灰熔点 03.0095
ashless friction modifier 无灰摩擦改进剂 02.0843
ash slagging property 煤的结渣特性 03.0068
asphalt 沥青 02.0739
asphalt additive 沥青添加剂 02.0862
asphalt-base crude 沥青基原油,*稠油 01.0117
asphalt blowing 沥青氧化 02.0754
asphalt compatibility 沥青配伍性 02.0745
asphalt emulsion for high speed railway 高速铁路专用乳化沥青 02.1098
asphaltene 沥青烯 03.0002,沥青质 02.0744
asphaltene content of crude oil 原油沥青质 02.1161
asphaltene yield 沥青烯产率 03.0087
asphalt for airport runway 机场跑道沥青 02.1101
asphalt for damp proofing and waterproofing 防水防潮沥青 02.1097
asphalt for pipe anticorrosion 管道防腐沥青 02.1099
asphalt modifier 沥青改性剂 02.0863
asphalt penetration 沥青针入度 02.1319
asphalt softening point 沥青软化点 02.1316
asphalt viscosity 沥青动力黏度 02.1318
as received basis 收到基 03.0022
atmospheric and vacuum distillation 常减压蒸馏 02.0037
atmospheric distillation 常压蒸馏 02.0038
atmospheric distillation range 常压馏程 02.1119
atmospheric gas oil 常压瓦斯油,*常压蜡油 02.1114
atmospheric heater 常压加热炉 02.0067
atmospheric pressure gasification 常压气化 04.0064
atmospheric residue 常压重油,*常压渣油 02.0063
attrition index of FCC catalyst 催化裂化催化剂磨损指数 02.1337
A-type zeolite A 型沸石 02.0874
automatic tank blending 自动罐式调和 02.0815
automatic unheading system 自动卸盖机 02.0429
automobile brake fluid 制动液,*刹车油 02.1045
automobile gear oil 车辆齿轮油 02.0989
automobile shock absorber oil 减震器油 02.1022
automotive gear lubricants bench test 车辆齿轮油台架试验 02.1278
auxiliary burner 辅助燃烧室 02.0176
auxiliary material consumption by unit 单位辅材 01.0179
aviation gasoline 航空汽油 02.0953
aviation gasoline detergent 航空洗涤汽油 02.1110
aviation hydraulic oil 航空液压油 02.1016
aviation turbine lubricant 航空涡轮机油 02.1033
axial-flow reactor 轴向反应器 02.0339
azeotropic distillation column 共沸蒸馏塔 02.0638

B

back-blowing air　反吹风　02.0175
base case　基础方案　01.0213
base number　碱值　02.1133
basic nitrogen　碱性氮　02.1223
batch process　间歇加工过程　01.0017
B5 biodiesel fuel blend　B5 生物柴油混合燃料　04.0040
B20 biodiesel fuel blend　B20 生物柴油混合燃料　04.0041
BD100 biodiesel blend stock　BD100 生物柴油　04.0039
bearing oil　轴承油　02.1012
bed density　床层密度　02.0085
benchmark crude　基准原油　01.0129
bentonite grease　膨润土润滑脂　02.1058
benzene content in gasoline　汽油苯含量　02.1234
beta-scission　β 位断裂　02.0133
bifunctional catalyst　双功能催化剂　02.0927
bi-metallic reforming catalyst　双金属重整催化剂　02.0345
binary distillation　二元蒸馏　02.0615
biobutanol　生物丁醇　04.0033
biodegradable grease　可生物降解润滑脂　02.1061
biodiesel　生物柴油　04.0034
biogas　生物[燃]气　04.0022
bio-jet fuel　生物喷气燃料　04.0044
biological carbon cycle　碳生物循环　04.0050
biomass　生物质　04.0001
biomass energy　生物质能　04.0002
biomass synthetic oil　生物质合成油　04.0045
bio-oil　生物油　04.0043
biorefinery　生物炼油厂　04.0021
blended oil　调和油品　02.0810
blending　调和　02.0808
blending component　调和组分　02.0809
blending rule model　调和规则模型　02.0821
block coke valve　阻焦阀　02.0447
blow back　反吹　02.0595
blow back pressure ratio　反吹压力比　02.0609
blowdown system　放空系统　02.0388
boiling range　馏程，＊沸程　01.0021
boosted air　增压风　02.0210
bottom pump around　塔底回流　02.0250
breakdown point of lubricating grease　润滑脂强度极限　02.1293
break-even price of the crude oil　原油保本价　01.0200
breathing loss　小呼吸损耗　01.0122
Brent crude　布伦特原油　01.0131
Brent futures contract　布伦特原油期货合约　01.0136
bridge bond　桥键　03.0018
bright stock　光亮油　02.0710
bromine index　溴指数　02.1225
bromine number　溴值，＊溴价　02.1224
Brϕnsted acid　布朗斯特酸，＊质子酸　02.1345
bubble phase　气泡相　02.0094
bubbling bed　鼓泡床　02.0108
bubbling bed coke burning　鼓泡床烧焦　02.0179
bubbling dewaxing　鼓泡脱蜡　02.0527
building asphalt　建筑沥青　02.1102
bulk catalyst　体相催化剂，＊本体催化剂　02.0920
bulk methanation　大量甲烷化反应　03.0141
bunker fuel oil　船用燃料油　02.1106
bureau of mines correlation index　相关指数，＊关联指数　02.1144
burning quality of kerosene　煤油燃烧性　02.1206
butane isomerization　丁烷异构化　02.0566

C

cable asphalt　电缆沥青　02.1096
caking property of coal　煤的黏结性　03.0112
calcined coke　煅烧石油焦　02.1116
calcium based grease production process　钙基脂制备工艺　02.0733
calcium sulfonate complex grease　复合磺酸钙基润滑脂　02.1053
calorific value　弹热值　02.1183
calorific value of coal gas　煤气的[弹]热值　03.0104
candle wax　烛用蜡　02.1090

capacity of crude oil distillation　原油一次加工能力　01.0155
capacity utilization rate of plant　装置负荷率　01.0195
carbocation　碳正离子　02.0131
carbon buildup　[焦]炭堆积　02.0141
carbon-burning　烧炭，＊催化剂再生　02.0373
carbon conversion　碳转化率　02.0666,03.0121
carbon cycle　碳循环　04.0049
carbon hydrogen ratio　碳氢比　02.1168
carbonizable substance　易炭化物　02.1306
carbon monoxide boiler　一氧化碳锅炉　02.0197
carbon monoxide shift conversion　一氧化碳变换　02.0659
carbon reduction catalyst in fixed bed residue hydrotreating　固定床渣油加氢脱残炭催化剂　02.0906
carbon residue　残炭　02.1175
carbon residue of crude oil　原油残炭　02.1158
carryover of coke fines　焦粉携带　02.0392
cassava　木薯，＊树薯　04.0010
catalyst adherent phenomena　催化剂贴壁现象　02.0355
catalyst bridging　催化剂架桥　02.0113
catalyst circulation rate　催化剂循环量　02.0171
catalyst compatibility engine oil　催化剂兼容性发动机油　02.1008
catalyst continuous regeneration　催化剂连续再生　02.0340
catalyst cooler　催化剂取热器　02.0192
catalyst cooler in regenerator　再生器取热盘管　02.0589
catalyst density of regenerator　再生器催化剂密度　02.0201
catalyst devulcanization　催化剂反硫化　03.0129
catalyst fines removal blower　除尘风机　02.0330
catalyst inventory of regenerator　再生器藏量，＊再生催化剂藏量　02.0200
catalyst inventory of stripping section　汽提段藏量　02.0215
catalyst lifting　催化剂提升器　02.0337
catalyst particle density of catalyst　催化剂颗粒密度　02.1341
catalyst to oil ratio　剂油比　02.0104
catalytic cracking　催化裂化　02.0078
catalytic cracking diesel　催化裂化柴油　02.0974
catalytic cracking gasoline　催化裂化汽油　02.0955
catalytic desulfurization　催化脱硫　02.0295
catalytic dewaxing catalyst　催化脱蜡催化剂　02.0717
catalytic distillation　催化蒸馏，＊反应精馏　02.0611
catalytic distillation tower　催化蒸馏塔　02.0612
catalytic hydrogenation　催化加氢　02.0258
catalytic polymerization　催化叠合　02.0570
catalytic reforming　催化重整　02.0310
caustic prewashing　预碱洗　02.0767
C_1 chemistry　碳一化学，＊一碳化学　03.0082
cellulose　纤维素　04.0018
cellulose fuel ethanol　纤维素燃料乙醇　04.0028
center pipe　中心管　02.0313
cetane index　十六烷指数　02.1187
cetane number　十六烷值　02.1186
cetane number booster　十六烷值改进剂　02.0826
cetane number improver　十六烷值改进剂　02.0826
C_4 fraction　碳四馏分　02.0251
chain breaking reaction　断链反应　02.0081
chain oil　链条油　02.1019
characterization factor K　特性因数 K，＊K 值　02.1169
chemical adsorption　化学吸附　01.0038
chemical grade propylene　化学级丙烯　02.0651
chemical hydrogen consumption　化学氢耗量　02.0262
chemical light feedstock yield　化工轻油收率　01.0168
chemical light oil　化工轻油　01.0167
chemical refining　化学精制　02.0697
chemical solvent removal of hydrogen sulfide　化学溶剂法脱硫化氢　02.0777
chemical stability of lubricating grease　润滑脂化学安定性　02.1290
chemical type MTBE unit　化工型甲基叔丁基醚装置　02.0641
chloride absorber for hydrogen　氢气脱氯罐　02.0325
chloridizing revivification　氯化更新　02.0363
chlorination zone　氯化区　02.0334
chlorine-promoted reforming catalyst　全氯型重整催化剂　02.0923
choking flow　噎塞流动　02.0121
choking point　噎塞点　02.0124
choking velocity　噎塞速度　02.0123
circulating pump　循环泵　03.0090
circulation reflux　循环回流，＊侧线回流　02.0049
C_5 isomerization rate　碳五异构化率　02.0554
C_5 naphthene dehydroisomerization　五元环烷烃脱氢异构

化　02.0353
C_6 isomerization rate　碳六异构化率　02.0556
C_6 isomerization selectivity　碳六异构化选择性　02.0555
clarified oil　澄清油　02.0140
classification of crude oil　原油分类　01.0113
Claus sulfur recovery process　克劳斯法硫回收工艺　02.0783
Claus tail-gas treatment　克劳斯尾气处理　02.0784
clay contact process　白土补充精制，*白土接触精制　02.0687
clay refined oil　白土精制油　02.0706
clean cut separation　清晰分割　02.0617
clean fuel　清洁燃料　01.0020
close-loop treatment of coke cooling water　冷焦水密闭处理技术　02.0448
cloud point　柴油浊点　02.1217
coal and oil co-processing　煤-油共处理，*煤-油共炼　03.0001
coal ash fusibility　煤灰熔融性　03.0066
coal ash lock　灰锁　03.0125
coal ash viscosity-temperature property　煤灰黏温特性　03.0067
coal carbonization　煤干馏，*煤的焦化　03.0073
coal clinkering property　煤的结渣性　03.0117
coal conversion rate　煤转化率　03.0005
coal depolymerization　煤的解聚　03.0045
coal gas　煤气　03.0103
coal gasification　煤气化　03.0054
coal hydroliquefaction catalyst　煤加氢液化催化剂　02.0928
coal lock　煤锁　03.0124
coal-oil slurry　油煤浆　03.0091
coal rank　煤阶，*煤级　03.0027
coal slurry　煤浆　03.0006
coal slurry viscosity　煤浆黏度　03.0069
coal swelling　煤溶胀　03.0026
coal tar　煤焦油　03.0060，焦油　03.0130
coal to chemical technology　煤化工　03.0079
coal-to-liquid　煤制油　03.0064
coal to lower alcohol　煤制低碳醇　03.0092
coal to natural gas　煤制天然气　03.0077
coal-to-oil promoter　煤制油助剂　02.0929
coal water slurry　水煤浆　03.0097
coating oil　[真空]镀膜油　02.1041
coaxial FCCU　同轴式催化裂化装置　02.0143
coaxial fluid catalytic cracking unit　同轴式催化裂化装置　02.0143
coaxial fluidized bed combustor　同轴式烧焦罐　02.0190
CO combustion promoter　一氧化碳助燃剂，*一氧化碳燃烧助剂　02.0931
coil visbreaking　管式减黏裂化　02.0450
coke burning　烧焦　01.0044
coke burning drum　烧焦罐　02.0186
coke burning intensity　烧焦强度　02.0188
coke burning in turbulent bed　湍动床烧焦　02.0191
coke burning rate　烧焦速率　02.0187
coke burning zone　烧焦区　02.0333
coke cutter　除焦器　02.0384
coke cutting　切焦　02.0402
coke cutting nozzle　切焦喷嘴　02.0404
coke cutting water　切焦水，*除焦水　02.0403
coke drum　焦炭塔　02.0380
coke drum filling height　焦炭塔充油高度　02.0413
coke drum over-head line　焦炭塔挥发线　02.0412
coke drum skirt　焦炭塔裙座　02.0441
coke factor　生焦因子　02.0248
coke fill height　生焦高度　02.0444
coke oven gas　焦炉煤气　03.0138
coke pit　焦池　02.0390
coke quench water　冷焦水　02.0394
coking circulating oil　焦化循环油　02.0422
coking cycle　生焦周期　02.0383
coking cycle time　焦化循环时间　02.0421
coking fractionator　焦化分馏塔　02.0381
coking gas　焦化气体　02.0430
coking heater　焦化加热炉　02.0382
coking naphtha　焦化汽油，*焦化石脑油　02.0431
cold backwashing procedure　冷反洗　02.0510
cold filter plugging point　冷滤点　02.1229
cold gas efficiency　冷煤气效率　03.0122
cold high pressure separator　冷高压分离器　02.0280
cold point dilution　冷点稀释　02.0483
cold pressed wax　冷榨蜡，*压榨蜡　02.0468
cold pressing dewaxing　冷榨脱蜡，*压榨脱蜡　02.0466
cold trap material　冷阱料　03.0057
cold washing　冷洗，*冲洗　02.0488
cold washing solvent-oil ratio　冷洗比，*冲洗比　02.0489

收，* 深冷氢气回收　02.0807
crystallization-adsorption process　结晶-吸附工艺　02.0799
curing　固化成型　04.0051
cutback asphalt　稀释沥青　02.0747
cut range　馏分宽度　02.0053
cutting oil-liquid　切削油液　02.1028
cycle sweating　循环发汗　02.0473
cyclic-regenerative reforming　循环再生重整　02.0343
cyclohexane isomerization　环己烷异构化　02.0569
cyclonic film evaporator　旋风式薄膜蒸发器　02.0693
cylindrical extrudate catalyst　圆柱条形催化剂　02.0917
cylindrical outer screen　外筛网　02.0315

D

damping grease　阻尼润滑脂　02.1070
damping oil　阻尼油，* 阻力油　02.1043
DAO　脱沥青油　02.0756
deactivation rate　减活速率　02.0136
dealkylation　脱烷基化　02.0367
de-aromatized solvent　脱芳油　02.1111
deasphalted oil　脱沥青油　02.0756
debutanizer　脱丁烷塔　02.0328
decalcification agent　脱钙剂　02.0011
decarbonizing process　脱碳　02.0667
dechlorinating agent　脱氯剂　02.0349
deep cut vacuum distillation　减压深拔　02.0043
defoaming ability　消泡性　02.1246
degasification curve　脱气曲线　02.0101
degassing of insulating oil　析气性　02.1248
degree of fractionation　分馏精度　02.0052
dehydrogenation　脱氢反应　02.0368
deicing agent content of jet fuel　喷气燃料防冰剂含量　02.1209
deisobutane column　脱异丁烷塔　02.0562
deisohexane column　脱异己烷塔　02.0559
deisopentane column　脱异戊烷塔　02.0558
delayed coking　延迟焦化　02.0377
delayed visbreaking　延迟减黏裂化　02.0451
delta coke　炭差　02.0216
delta sulfur on sorbent　吸附剂硫差　02.0597
demethylation　脱甲基　02.0369
demulsibility　抗乳化性　02.1245
demulsifier　破乳剂，* 抗乳化剂　02.0828
demulsifying agent　破乳剂，* 抗乳化剂　02.0828
denaturant　变性剂　04.0030
denatured fuel ethanol　变性燃料乙醇　04.0029
denitrogenation　脱氮　01.0046
dense loading　密相装填　02.0304
dense phase bed of regenerator　再生器密相床　02.0202
dense phase pneumatic conveying　密相气力输送　02.0111
density　密度　02.1211
density temperature coefficient　密温系数　02.1285
deoiled asphalt　脱油沥青　02.0757
deoiled wax solution-water ratio　蜡水比　02.0522
deoiling temperature　脱油温度　02.0504
deoverheating section　脱过热段　02.0252
depentanizing column　脱戊烷塔　02.0374
deposition velocity　沉积速度　02.0089
desalting rate　脱盐率　02.0013
desorbed gas　解吸气　02.0034
desorption　脱附　01.0047
desorption factor　解吸因数，* 解吸因子　02.0030
desorption rate　解吸率　02.0029
desorption tower　催化裂化解吸塔　02.0240
desulfurization reactor with sandwich type catalyst　夹心层脱硫器　02.0673
desulfurization regenerator　脱硫再生塔　02.0780
detergency　清净性　02.1256
detergency performance of gasoline　汽油清净性　02.1237
detergent-dispersant for vehicle fuel　车用燃料用清净分散剂　02.0839
dewaxed filtrate　脱蜡滤液　02.0491
dewaxed oil　脱蜡油　02.0496
dewaxed oil solution-water ratio　油水比　02.0521
dewaxing dissolve agent　脱蜡溶解剂　02.0501
dewaxing filter aid　脱蜡助滤剂，* 石蜡结晶改良剂　02.0500
dewaxing precipitant　脱蜡沉淀剂，* 抗蜡剂　02.0502
dewaxing solvent　脱蜡溶剂　02.0512
dewaxing solvent dehydration　脱蜡溶剂干法回收

E

ebullated-bed reactor　沸腾床反应器　03.0089
E10 ethanol gasoline　E10 汽油　04.0032
efficiency of coal liquefaction　煤液化效率　03.0072
eight-fraction of residue oil　渣油八组分　02.1149
electrical desalting　电脱盐　02.0004
electric desalting tank　电脱盐罐　02.0016
electric insulating oil　电气绝缘油　02.1030
electricity consumption by unit　单位耗电　01.0177
electric spark oil　电火花油　02.1029
electrophoretic coalescence　电泳聚结　02.0009
elementary analysis of crude oil　原油元素分析　02.1162
emulsion　乳状液，*乳化液　02.0015
emulsion deoiling　乳化脱油　02.0526
emulsion layer　乳化层　02.0014
emulsion phase　乳化相　02.0095
energy balance　能[量]平衡　01.0076
energy conversion efficiency　能源转化效率　03.0093
energy density index　能量密度指数　01.0075
energy plant　能源植物　04.0004
engine bench test　发动机台架试验　02.1276
engine oil consumption rate　机油消耗率　02.1282
Engler distillation curve　恩氏蒸馏曲线　02.1139
Engler distillation of crude oil　原油恩氏蒸馏　02.1166
Engler viscosity　恩氏黏度　02.1244
entained gasoline in dry gas　干气带油　02.0238
entrainment rate　夹带速率　02.0120
environmentally friendly additive　环境友好添加剂　02.0860
enzymatic alcoholysis　酶催化醇解　04.0063
epoxy asphalt　环氧沥青　02.1100
equilibrium FCC catalyst　平衡裂化催化剂　02.0870
esterification　酯化　04.0060
ethanol dehydration　乙醇脱水　04.0057
ethanol distillation　乙醇蒸馏　04.0056
ethanol gasoline for motor vehicles　车用乙醇汽油　04.0031
etherification　醚化　02.0620
etherification catalyst　醚化催化剂　02.0632
etherification catalyst contaminant　醚化催化剂毒物　02.0635
etherification feed　醚化原料　02.0629
etherification pre-reactor　醚化预反应器　02.0637
ethylene oligomerization process　乙烯齐聚法　02.0737
ethyl tert-butyl ether　乙基叔丁基醚　02.0624
evaluation of crude oil　原油评价　01.0108
evaporation-dehydration column　蒸发脱水塔　02.0375
evaporation loss　蒸发损失　02.1258
evaporation property　蒸发性能　02.1254
evaporation temperature　蒸发温度　02.1124
excess oxygen　过剩氧　02.0167
exinite　壳质组　03.0031
existent gum　实际胶质　02.1194
expansion joint　膨胀节　02.0184
expansion ratio　膨胀比　02.0105
explosive analysis　爆炸性分析　02.1205
ex-situ presulfidation catalyst　器外预硫化催化剂　02.0296
extend diameter　扩展径　02.0099
extractive distillation　抽提蒸馏　02.0792
extract oil from furfural refining　糠醛抽出油　02.0705
extra-heavy crude oil　超重原油　01.0103
extra income levy on oil　石油特别收益金　01.0221
extreme pressure additive　极压剂　02.0846
extreme pressure and anti-wear performance　极压抗磨性　02.1270
extreme pressure grease　极压润滑脂　02.1066
extreme pressure worm gear oil　极压型蜗轮蜗杆油　02.0996

F

fast bed coke burning　快速床烧焦　02.0181
fast pyrolysis of biomass　生物质快速热解　04.0069

fast pyrolysis reactor　快速热解反应器　04.0070
faujasite　八面沸石　02.0877
FCC　[流化]催化裂化　02.0079
FCC bottom cracking additive　催化裂化塔底油裂化助剂　02.0934
FCC catalyst activity　催化裂化催化剂活性　02.1321
FCC catalyst for enhancing octane number　增加汽油辛烷值裂化催化剂　02.0868
FCC $DeNO_x$ additive　催化裂化脱氮氧化物助剂　02.0933
FCC $DeSO_x$ additive　催化裂化脱硫氧化物助剂，＊氧化硫转移剂　02.0932
FCC equilibrium catalyst activity　催化裂化平衡剂活性　02.1326
FCC feedstock atomizing　催化裂化原料雾化　02.0148
FCC light gasoline etherification　催化裂化轻汽油醚化　02.0628
FCC metal passivator　催化裂化金属钝化剂　02.0939
FCC vanadium trap　催化裂化固钒剂，＊捕钒剂　02.0935
feed dryer　进料干燥器　02.0561
feed gas specific gravity　原料气比重　03.0135
feed quality constraint of unit　装置进料约束　01.0207
feedstock atomizing nozzle　原料雾化喷嘴　02.0243
feedstock optimization　原料油优化　01.0202
ferrographic analysis　铁谱分析　02.1272
FFB test of FCC catalyst　催化裂化催化剂小型固定流化床试验　02.1323
filterability　过滤性　02.1252
filter face velocity　过滤器迎风面速度　02.0610
filter plugging tendency test　滤清器堵塞倾向试验　02.1273
filter pressed oil　压榨油　02.0469
filtrate recycling　滤液循环　02.0492
final boiling point　终馏点　02.1121
fines drum filter for regeneration　再生吸附剂粉尘过滤器　02.0608
fire point　燃点　02.1173
Fischer-Tropsch lube base oil　费-托合成润滑油基础油　02.0708
Fischer-Tropsch synthesis　费-托合成　03.0047
Fischer-Tropsch synthesis catalyst　费-托合成催化剂　02.0930
five-tower distillation process　气体分馏五塔流程　02.0648
fix-bed regenerator　固定床再生器　02.0320
fixed ammonium　固定铵　02.0800
fixed-bed Fischer-Tropsch synthesis　固定床费-托合成工艺　03.0049
fixed-bed sweetening　固定床法脱硫醇　02.0771
fixed bed type residue hydrodemetallization catalyst　固定床渣油加氢脱金属催化剂　02.0904
fixed bed type residue hydrodesulfurization catalyst　固定床渣油加氢脱硫催化剂　02.0905
fixed carbon　固定碳　03.0102
fixed carbon content　固定碳含量　03.0101
fixed fluidized bed　固定流化床　02.0135
fixed fluidized bed test of fluid catalytic cracking catalyst　催化裂化催化剂小型固定流化床试验　02.1323
flame arrester with vent hood　阻火通气罩，＊防火器　01.0062
flare stack　火炬筒体　01.0055
flare support　火炬塔架　01.0056
flash point　闪点　02.1172
flash point of crude oil　原油闪点　02.1156
flash zone　气化段，＊闪蒸段，＊蒸发段　02.0048
fleet testing　行车试验　02.1279
flexicoking　灵活焦化　02.0379
flock point　絮凝点　02.1295
flooding point　液泛点，＊液泛极限　01.0090
fluctuation factor　脉动因子　02.0106
flue gas/air ratio　烟风比　02.0165
flue gas dew point corrosion　烟气露点腐蚀　02.0075
flue gas expander　烟[气轮]机　02.0195
fluid catalytic cracking　[流化]催化裂化　02.0079
fluid catalytic cracking catalyst　流化催化裂化催化剂　02.0864
fluid catalytic cracking catalyst activity　催化裂化催化剂活性　02.1321
fluid catalytic cracking light gasoline etherivication　催化裂化轻汽油醚化　02.0628
fluid coking　流化焦化　02.0378
fluidity of brake fluid at low temperature　制动液低温流动性　02.1297
fluorine-containing lubricant　含氟润滑剂　02.1037
fluorine-containing lubricating oil　含氟润滑油　02.0716
flushing oil　冲洗油　03.0098
foam height　泡沫高度　02.0401

food grade industrial lubricating oil 食品级工业润滑油 02.0983
food grade microcrystalline wax 食品级微晶蜡 02.1082
food grade paraffin wax 食品级石蜡 02.1078
food machinery grease 食品机械润滑脂 02.1072
foots oil 蜡下油 02.0498
forge welding structural skirt 锻焊结构裙座 02.0442
form factor 形状因子, * 球形度 02.0091
fouling inhibitor 阻垢剂 02.0945
four-fraction of residue oil 渣油四组分 02.1148
four-lobed extrudate catalyst 四叶草形催化剂 02.0919
four-machine set 四机组 02.0219
fourth stage cyclone 四级旋风分离器 02.0164
four-tower distillation process 气体分馏四塔流程 02.0647
four-tower recovery process 四塔回收轻烃流程 02.0025
four-way switch valve 四通阀 02.0446
Fraas breaking point 弗拉斯脆点 02.1312
fraction 馏分 01.0023
fractional composition 馏分组成 01.0024
fractionating system of FCCU 催化裂化分馏系统 02.0231
fractionator of FCCU 催化裂化分馏塔 02.0230
free glycerol 游离甘油 04.0037
free moisture of coal 煤的外在水分 03.0108
free radical fragment 自由基碎片 03.0044
free radical terminator 自由基终止剂 02.0831
freezing breaking point 冻裂点 02.1311
freezing point 冰点 02.1208
freezing point of coolant 防冻液冰点 02.1250
fresh catalyst proppant 活性支撑剂 02.0908
friction modifier 摩擦改进剂, * 减摩剂 02.0840
F-T synthesis 费-托合成 03.0047
fuel-chemicals type refinery 燃料化工型炼油厂 01.0010
fuel consumption by unit 单位燃料 01.0180
fuel consumption rate 燃油消耗率 02.1281
fuel grade coke 燃料焦 02.0440
fuel-lube and chemicals type refinery 燃料润滑油化工型炼油厂 01.0011
fuel-lube type refinery 燃料润滑油型炼油厂 01.0012
fuel oil 燃料油 02.1104
fuel oil for furnace 炉用燃料油 02.1105
fuel oil grade 燃料油牌号 01.0080
fuel oil tax 燃油税 01.0225
fuel oil yield 燃料油收率 01.0169
fuel type refinery 燃料油型炼油厂 01.0013
fugitive constituent of coal 煤的挥发分 03.0110
full-recycle hydrocracking 全循环加氢裂化 02.0275
fully refined paraffin wax 全精炼石蜡, * 精白蜡 02.1076
furfural extraction solvent recovery 糠醛精制溶剂回收 02.0719
furfural refining 糠醛精制 02.0686
furnace diesel 炉用柴油 02.0976

G

gas from low pressure separator 低分气 02.0281
gas fuel engine oil 气体燃料发动机油 02.1001
gasification capacity 气化能力 03.0114
gasification efficiency 气化效率 03.0115
gasification temperature 气化反应温度 03.0119
gasifier 气化炉 02.0680
gasifier gas 发生炉煤气 03.0139
gasifier with opposed multi-burners 多喷嘴对置式气化炉 02.0681
gas-liquid coalescer 气液聚结器 02.0288
gas-liquid distributor 气液分配器 02.0291
gas-liquid ratio 气液比 03.0039
gas liquor 煤气水 03.0131
gasoline 汽油 02.0951
gasoline aromatic blending component 汽油芳烃调和组分 02.0961
gasoline engine oil 汽油机油 02.1004
gasoline grade 汽油牌号 01.0079
gasoline pool 汽油池 02.0954
gasoline raffinate oil of blending component 汽油抽余油调和组分 02.0960
gasoline station 加油站 01.0226
gasoline sweetening 汽油脱臭 02.0245
gasoline vapor pressure 汽油蒸气压 02.1216
gasoline yield 汽油收率 01.0164
gas-solid relative velocity 气固相对速度 02.0100

gas-to-liquid 气制油 03.0065
gas to oil ratio 气油比 02.0357
gas yield 煤气产率 03.0116
gate price of imported crude oil 进口原油到厂价 01.0154
gear oil 齿轮油 02.0988
general base oil 通用基础油 02.0714
general diesel 普通柴油 02.0969
general maintenance index 一般性维修指数 01.0182
general propertiy of crude oil 原油一般性质 01.0107
glucoamylase 糖化酶,＊葡萄糖淀粉酶 04.0024
gradual condensation 渐次冷凝 02.0046
gradual distillation 渐次蒸馏,＊微分蒸馏,＊简单蒸馏 02.0047
gradual vaporization 渐次汽化,＊微分汽化 02.0045
grease structure improver 润滑脂结构改进剂,＊结构稳定剂 02.0855
grease structure modifier 润滑脂结构改进剂,＊结构稳定剂 02.0855
grease thickener 润滑脂稠化剂 02.0856
green coke 生焦,＊原焦 02.1115
gross heat of combustion 总热值,＊高热值 02.1184
guard catalyst in residue hydrodemetallization fixed bed reactor 固定床渣油加氢保护剂 02.0903
gum 胶质 02.1193

H

halogenated paraffin 卤化石蜡 02.1085
Hardgrove grindability index 哈氏可磨性指数 02.0393
harmonic average particle diameter 调和平均粒径 02.0097
HCGO 焦化蜡油 02.0433
heat balance of FCC unit 催化裂化装置热平衡 02.0232
heated transportation 加温输送 01.0064
heater tube decoking 加热炉清焦 02.0391
heat output by unit 单位热输出 01.0181
heat pump technology for vapor fractionation 气体分馏热泵工艺 02.0645
heat transfer oil 导热油,＊传热油 02.1018
heat value 热值,＊发热量 01.0082
heavy coking gas oil 焦化蜡油 02.0433
heavy crude oil 重质原油 01.0102
heavy cycle oil 回炼油,＊重循环油 02.0237
heavy diesel 重柴油 02.0257
heavy duty diesel engine oil 重负荷柴油机油 02.1003
heavy key component 重关键组分 02.0619
heavy oil 重质油 01.0029
heavy oil loading arm 重油装车鹤管 01.0058
heavy pavement asphalt 重交通道路沥青 02.1094
heavy vacuum gas oil 重质减压蜡油 02.0065
hemicellulose 半纤维素 04.0019
heptane insoluble 碳七不溶物,＊庚烷沥青质 02.1145
herbaceous biomass 草本类生物质 04.0007
heterogeneous polymerization 非均相聚合,＊多相聚合 01.0035
hexane isomerization 己烷异构化 02.0568
HGI 哈氏可磨性指数 02.0393
high and low side-by-side type FCCU 高低并列式催化裂化装置 02.0236
high bulk density reforming catalyst 高堆密度重整催化剂 02.0922
high density jet fuel 大比重喷气燃料 02.0967
high-frequency linear-oscillation SRV test 高频往复 SRV 试验 02.1267
high grade liquefied pretroleum gas 高级液化石油气 02.0980
high-low ketone dilution 高-低酮稀释 02.0511
high pressure pump for coal slurry 高压煤浆泵 03.0040
high pressure regeneration 高压再生 02.0178
high Re-Pt ratio reforming catalyst 高铼铂比重整催化剂 02.0348
high speed electric desalting 高速电脱盐 02.0008
high sulfur content coke 高硫焦 02.0439
high temperature Fischer-Tropsch synthesis 高温费-托合成 03.0061
high-temperature oxidation deposit 高温氧化沉积物 02.1263
high-velocity bed 快速床 02.0110
high-viscosity residue 高黏度渣油 02.0449
Hirsch physical structure model 希尔施物理结构模型 03.0024
homogeneous particle 均一颗粒 02.0102

hot high pressure separator 热高压分离器 02.0279
hot trap material 热阱料 03.0058
hot tube test 热管试验 02.1265
hot wall reactor 热壁反应器 02.0311
hydraulic decoking 水力除焦 02.0415
hydraulic decoking with derrick 有井架除焦 02.0407
hydraulic decoking without derrick 无井架除焦 02.0408
hydraulic oil 液压油 02.1015
hydraulic oil anti-wear test 液压油抗磨性试验 02.1277
hydraulic transmission fluid 液力传动油 02.0993
hydraulic work asphalt 水工沥青 02.1103
hydrocarbon-based grease production process 烃基润滑脂制备工艺 02.0736
hydroconversion 加氢转化 02.0261
hydrocracked tail oil 加氢尾油 02.1113
hydrocracking 加氢裂化 02.0306
hydrocracking catalyst 加氢裂化催化剂 02.0895
hydrocracking diesel 加氢裂化柴油 02.0975
hydrocracking post-hydrofining catalyst 加氢裂化后精制催化剂 02.0896
hydrodearsenic agent 加氢脱砷保护剂 02.0889
hydro-desilicification guard catalyst 加氢捕硅催化剂 02.0909
hydrofinishing 加氢补充精制 02.0722
hydrofluoric acid alkylation 氢氟酸法烷基化 02.0548
hydrogenation 加氢作用 02.0259
hydrogenation-extraction of coal-to-liquid 煤制油加氢抽提 03.0014
hydrogenation of coal tar 煤焦油加氢 03.0096
hydrogen balance 氢平衡 01.0081
hydrogen booster compressor 氢气增压机 02.0326
hydrogenolysis 氢解反应 02.0354
hydrogen partial pressure 氢分压 02.0266
hydrogen production by partial oxidation 部分氧化法制氢 02.0653
hydrogen production by steam reforming 水蒸气转化法制氢 02.0652
hydrogen production with heavy hydrocarbons as feedstook 重质原料制氢 02.0655
hydrogen production with light hydrocarbons as feedstook 轻质原料制氢 02.0654
hydrogen purification 氢气提浓 02.0804
hydrogen recycle compressor 氢气循环压缩机 02.0327
hydrogen sulfide removal of refinery gas 炼厂气脱硫化氢 02.0776
hydrogen to carbon ratio 氢碳比 03.0133
hydrogen to hydrocarbon ratio 氢烃比，*氢油比 02.0356
hydrogen transfer reaction 氢转移反应 02.0132
hydrogen utilization 氢利用率 03.0046
hydroisomerization 加氢异构化 02.0285
hydroisomerization and cracking catalyst 加氢异构裂化催化剂 02.0915
hydrolytic stability 水解安定性 02.1238
hydroprocessing 临氢加工 02.0278
hydrorefining catalyst for jet fuel 喷气燃料加氢精制催化剂 02.0921
hydrothermal deactivation 水热老化失活处理 02.1324
hydrothermal gasification 水热气化 04.0067
hydrothermal liquefaction 水热液化 04.0068
hydrothermal stability 水热稳定性 02.0137
hydrothermal stability of FCC catalyst 催化裂化催化剂水热稳定性 02.1328
hydrotreated diesel 加氢精制柴油，*低硫柴油 02.0973
hydrotreated gasoline 加氢汽油 02.0957
hydrotreating 加氢处理 02.0269
hydrotreating catalyst 加氢处理催化剂 02.0916
hydroupgrading 加氢改质 02.0268
hydrous iron oxide 水合氧化铁 03.0038

I

ideal component of lube oil 润滑油理想组分 02.0711
immersion loading arm 浸没式装车鹤管 01.0059
inactive sulfide 非活性硫化物 02.0762
indirect coal liquefaction 煤间接液化 03.0075
indirect gasification 间接气化 04.0066
induction period 诱导期 02.1218
industrial gear oil 工业齿轮油 02.0995
inertial separator 惯性分离器 02.0130
inertinite 惰质组 03.0032
inferior crude oil 劣质原油 01.0105

inherent moisture of coal 煤的内在水分 03.0109
inhomogeneous particle 非均一颗粒 02.0103
initial boiling point 初馏点 02.1120
initial solvent of coal-to-liquid 煤制油起始溶剂 03.0003
injecting sludge into coke drum 污泥回炼 02.0405
in-situ presulfidation catalyst 器内预硫化催化剂 02.0297
in-situ pre-sulfurizing of catalyst 催化剂器内预硫化 02.0913
integrated unit 联合装置 01.0014
intensity of gasification 气化强度 03.0113
intermediate-base crude 中间基原油，*混合基原油 01.0115
internal catalyst recycle 催化剂内循环 02.0221
internal combustion engine oil 内燃机油，*发动机油 02.1005
internal combustion engine oil additive package 内燃机油复合剂 02.0861
inter-stage cooling steam 级间冷却蒸气 02.0222
invert sequence solvent dewaxing process 反序脱蜡工艺 02.0530
iodine value 碘值 02.1228
isodewaxing catalyst 异构脱蜡催化剂 02.0718
isomerization 异构化 02.0553
isomerization gasoline 异构化汽油 02.0563
isopentane gasoline 异戊烷油 02.0565
isopropanol-urea dewaxing 异丙醇尿素脱蜡 02.0518

J

jatropha 麻疯树，*小桐子 04.0011
jet fuel 喷气燃料，*航空煤油 02.0964
J type sloped pipe J形斜管 02.0168

K

kerosene 煤油 02.0962
kerosene yield 煤油收率 01.0165
ketone-aromatics ratio 酮比 02.0481
ketone-benzol deoiling 酮苯脱油 02.0480
ketone-benzol dewaxing 酮苯脱蜡 02.0685
kinematic viscosity 运动黏度 02.1242

L

lamp kerosene 灯用煤油 02.0963
laser particle size analysis 激光粒度分析 02.1336
LCGO 焦化柴油 02.0432
lean oil 贫油 02.0033
lean oxygen regeneration 贫氧再生 02.0225
level gauge indicator 料位计 02.0428
Lewis acid 路易斯酸 02.1344
life cycle 生命周期 04.0046
life cycle assessment 生命周期评价 04.0047
lift gas blower 提升风机 02.0329
light coking gas oil 焦化柴油 02.0432
light deasphalted oil 轻脱沥青油 02.0534
light diesel oil 轻柴油 02.0246
light end recovery process by elevated primary distillation tower pressure 初馏塔加压回收轻烃流程 02.0021
light end recovery process with compressor 单塔回收轻烃流程 02.0022
light end recovery process with four-tower 四塔回收轻烃流程 02.0025
light end recovery process with three-tower 三塔回收轻烃流程 02.0024
light end recovery process with twin-tower 双塔回收轻烃流程 02.0023
light hydrocarbon for pyrolysis 轻烃裂解料 02.0981
light hydrocarbon recovery 轻烃回收 02.0019
light key component 轻关键组分 02.0618
light oil 轻质油 01.0161
light oil yield 轻质油收率 01.0162
light olefins 低碳烯烃 02.0155
light stability of paraffin wax 石蜡光安定性 02.1303
light stabilizer 光稳定剂，*颜色稳定剂 02.0854
lignin 木质素 04.0020

lignite upgrading　褐煤提质　03.0080
limited slip differential gear oil　限滑差速器油　02.0991
linear blending　线性调和　02.0816
lipid exchange　酯交换　04.0061
liptinite　壳质组　03.0031
liquefaction crude oil　液化粗油　03.0008
liquefaction residue　液化残渣　03.0009
liquefied natural gas　液化天然气　01.0097
liquefied petroleum gas　液化石油气，*液化气　02.0978
liquefied petroleum gas spherical tank　液化气球罐　01.0126
liquefied pretroleum gas engine fuel　汽车用液化石油气　02.0979
liquid acid alkylation　液体酸烷基化　02.0541
liquid biofuel　生物液体燃料　04.0003
liquid-gas ratio　液气比　02.0027
liquid hourly space velocity　液时体积空速　02.0298
liquid-liquid sweetening　液-液法脱硫醇　02.0770
liquid paraffin　液体石蜡　02.1083
liquid phase denitrification technology　液相脱氮工艺　02.0720
liquid phase hydroprocessing　液相加氢　02.0260
liquid sulfur degassing　液硫脱气　02.0788
liquid sulfur molding　液硫成型　02.0789
lithium based grease　锂基润滑脂　02.1051
lithium based grease production process　锂基脂制备工艺　02.0732
lithium-calcium based grease　锂钙基润滑脂　02.1057
load-carrying capacity　承载能力　02.1269
loading arm　鹤管　01.0120
lock hopper of catalytic reforming　催化重整闭锁料斗　02.0332
locomotive diesel engine oil　铁路内燃机车柴油机油　02.1002
long service-life grease　长寿命润滑脂　02.1062
loosen air　松动气　02.0083
lower alcohol　低碳醇，*低碳混合醇　03.0083
low-freezing crude oil　低凝原油　01.0104
low noise grease　低噪声润滑脂　02.1073
low platinum reforming catalyst　低铂重整催化剂　02.0347
low-pressure cold separator　冷低压分离器　02.0299
low recycle operation　低循环比操作　02.0398
low-temperature Claus process　低温克劳斯工艺　02.0785
low temperature flowability　低温流动性　02.1253
low temperature F-T synthesis　低温费-托合成　03.0062
low-temperature property of lubricating grease　润滑脂低温性能　02.1291
LPG　液化石油气，*液化气　02.0978
lube aging characteristic　润滑油老化特性　02.1257
lube base oil　润滑油基础油　02.0698
lube hydrofinishing catalyst　润滑油补充精制催化剂　02.0899
lube hydro-isomerization hydrodewaxing catalyst　润滑油临氢异构降凝催化剂　02.0898
lube hydrotreating catalyst　润滑油加氢处理催化剂　02.0897
lube oil blending　润滑油调和　02.0814
lube oil fraction　润滑油馏分　01.0028
lube oil hydroisodewaxing process　润滑油异构脱蜡　02.0683
lube oil hydrotreating　润滑油加氢处理　02.0682
lube oil hydroupgrading　*润滑油加氢改质　02.0682
lubricating grease　润滑脂，*黄油　02.1050
lubricating oil　润滑油　02.0982
lubricating oil dispersant　润滑油分散剂　02.0845
lubricity of diesel fuels　柴油润滑性　02.1236
luminometer number　辉光值　02.1203

M

machine oil　机械油　02.0985
main air　主风　02.0212
main air blower　主风机　02.0146
main air grid　主风分布板　02.0161
maintenance index　维修指数　01.0184
make-up absorbent　补充吸收剂　02.0035
maltene　沥青可溶质　02.0743
manganese oxide desulfurization　氧化锰法脱硫　02.0658
manifold　集合管　02.0678
marine diesel engine oil　船用发动机油　02.1049
marsh gas　沼气　04.0023

material balance　物料平衡　01.0087
material cooking　原料蒸煮　04.0052
material seal　料封　02.0128
matrix　基质　02.0882
mechanical dewaxing　机械脱蜡　02.0528
mechanical impurity　机械杂质　02.1134
mechanical stability of lubricating grease　润滑脂机械安定性　02.1288
mechanical strength of coal　煤的机械强度　03.0106
melting point of petroleum wax　石蜡熔点　02.1304
membrane separation process　膜分离工艺　01.0053
membrane separation process for hydrogen recovery　膜分离氢气回收　02.0805
mercaptan extraction　硫醇萃取　02.0768
mercaptan removal　脱硫醇　02.0763
mercaptan removal activator　脱硫醇活化剂　02.0764
mercaptan sulfur　硫醇硫　02.0759
mercury in naphtha　石脑油汞含量　02.1231
mesophase asphalt　中间相沥青　02.0750
mesoporous materials　介孔材料　02.0886
metal contamination of fluid catalytic cracking catalyst　流化催化裂化催化剂金属污染　02.1330
metal deactivator　金属钝化剂，＊金属减活剂　02.0834
methanation　甲烷化　02.0665
methanation catalyst　甲烷化催化剂　03.0143
methanol extraction column　甲醇萃取塔　02.0639
methanol recovery column　甲醇回收塔　02.0640
methanol to gasoline　甲醇制汽油　03.0076
methanol to olefin　甲醇制烯烃　03.0050
methanol to propene　甲醇制丙烯　03.0051
methyl secbutyl ether　甲基仲丁基醚　02.0623
methyl tertiary butyl ether　甲基叔丁基醚　02.0622
micro-activity index　微反活性指数　02.1325
microalgae　微藻　04.0013
microcrystalline wax　微晶蜡，＊地蜡　02.1081
microlithotype analysis　煤岩分析　03.0028
mid-pump around　中段回流　02.0256
mild hydrocracking　缓和加氢裂化　02.0277
mild hydrocracking catalyst　缓和加氢裂化催化剂　02.0893
mild thermal cracking　轻度热裂化　02.0453
military diesel　军用柴油　02.0971
military jet fuel　军用喷气燃料　02.0965
minerals　矿物质　03.0033
minimum fluid speed　最小流化速度　02.0086
minimum liquid-gas ratio　最小液气比　02.0028
miscibility point　互溶点　02.0509
mixed solvent extraction　混合溶剂萃取　03.0071
mixing feedstock with hydrogen at outlet of hydrogen heater　炉后混油　02.0272
mixing hydrogen with feedstock at inlet of heater　炉前混氢　02.0270
mixing hydrogen with feedstock at outlet of heater　炉后混氢　02.0271
mixing intensity　混合强度　02.0012
mixing valve　混合阀　02.0018
Mo ash　钼灰　03.0037
modified asphalt　改性沥青　02.0742
moisture content of coal　煤炭水分　03.0015
molar ratio of alcohol to olefin　醇烯摩尔比　02.0636
molecular distillation of crude oil　原油分子蒸馏　02.1167
molecular sieve　分子筛　02.0872
molecular sieve adsorption column　分子筛吸附塔　02.0560
molecular sieve dewaxing　分子筛脱蜡　02.0523
molecular sieve etherification catalyst　分子筛醚化催化剂　02.0634
molecular sieve-oil ratio　筛油比　02.0524
molecular sieve-steam ratio　筛汽比　02.0525
mole value　模值　03.0134
mono cyclic and bicyclic alicyclic aromatics with long paraffine chains　少环长侧链芳烃　02.0725
mono cyclic and bicyclic alicyclic hydrocarbons having long side chains　少环长侧链环烷烃　02.0724
monoglyceride　单甘油酯　04.0035
mono-platinum reforming catalyst　单铂重整催化剂　02.0344
mordenite　丝光沸石　02.0880
motor cycle oil　摩托车油　02.1010
motor fuel　发动机燃料　01.0019
motor octane number　马达法辛烷值　02.1190
mould release oil　脱模油　02.0986
moving-bed reactor　移动床　02.0301
moving-bed regenerator　移动床再生器　02.0321
MTBE　甲基叔丁基醚　02.0622
MTBE cracking　甲基叔丁基醚裂解　02.0643
multi-function additive　多效添加剂　02.0859

multi-grade hydraulic oil　多级液压油, * 高黏度指数液压油　02.1017
multi-metallic reforming catalyst　多金属重整催化剂　02.0346
multiple point dilution　多点稀释　02.0482
multipoint steam injection　多点注汽　02.0387
multi-purpose grease　多效润滑脂　02.1068

N

naphtha　石脑油　02.1112
naphtha fraction　石脑油馏分　01.0026
naphthalene hydrocarbon content　萘系烃含量　02.1204
naphthene-base crude　环烷基原油　01.0116
naphthene dehydrogenation　环烷烃脱氢　02.0350
naphthenic soap　环烷酸皂　02.1226
narrow fraction　窄馏分　02.0949
natural gas　天然气　01.0095
natural gas liquid　天然气液　01.0099
navy special fuel oil　军舰用燃料油　02.1107
needle coke　针状焦　02.0438
needle penetration　针入度　02.1178
net back pricing of crude oil　原油净回值定价　01.0153
net heating value　净热值, * 最低热值　02.1185
N-methyl-2-pyrrolidon　*N*–甲基吡咯烷酮　02.0947
NMP　*N*–甲基吡咯烷酮　02.0947
nonedible oil and fat　非食用油脂　04.0017
non-grain fuel ethanol　非粮燃料乙醇　04.0026
nonideal component of lube oil　润滑油非理想组分　02.0712
nonlinear blending　非线性调和　02.0817
non-selective polymerization　非选择性叠合　02.0571
non-soap based grease　非皂基润滑脂　02.1065
nuclear level detector　核料位计　02.0593

O

octane distribution　辛烷值分布　02.1189
octane number　辛烷值　02.1188
octane sensitivity　辛烷值敏感度　02.0564
off-gas incineration　尾气焚烧　02.0790
offline optimization　离线优化　01.0209
off-site pre-sulfurizing of catalyst　催化剂器外预硫化　02.0914
off-stream decoking　停工除焦　02.0417
oil absorption separation method　油吸收分离法　02.0026
oil blending　油品调和　02.0811
oil classification　油品分类　02.0950
oil content of petroleum wax　石油蜡含油量　02.1301
oil depot　油库　01.0063
oil drain interval　换油周期　02.1280
oil for circulating system　系统循环油　02.1020
oil futures　石油期货　01.0133
oiliness additive　油性剂　02.0847
oil product acidity　油品酸度　02.1131
oil product acid number　油品酸值, * 总酸值　02.1132
oil product refining　油品精制　01.0034
oil product upgrading　油品改质　01.0033
oil resistant sealing grease　耐油密封润滑脂　02.1063
oil separation from lubricating grease　润滑脂分油性　02.1286
oil slurry　油浆　02.0139
oil stabilization　油品稳定　01.0086
oil yield　油产率　03.0086
olefin conversion rate　烯烃转化率　02.0577
Oman crude　阿曼原油　01.0132
one-stage coke-burning regenerator　一段烧焦再生器　02.0322
online analyzer　在线分析仪　02.0594
online blending　在线调和　02.0726
online gasoline blending　汽油在线调和　02.0813
online optimization　在线优化　01.0208
online replacement　在线置换　02.0293
online spalling　在线清焦　02.0423
online steam-air decoking　在线烧焦　02.0424
optimization of crude oil blending　原油调和优化　01.0204
optimization of the plant operation　装置操作优化　01.0206
optimization program　优化方案　01.0214

optimized refining chemical integration 炼化一体化优化 01.0199
ordinary extraction of coal-to-liquid 煤制油普通抽提 03.0010
outboard engine oil 舷外发动机油 02.1011
overflow well of regenerator 再生器溢流管 02.0206
overhaul maintenance index 大修指数 01.0183
oxidation stability 氧化安定性 02.1219
oxidation state catalyst 氧化态催化剂 02.0910
oxygenated fuel additive component 含氧燃料添加剂 02.0621
oxygen compounds in gasoline 汽油含氧化合物 02.1230
oxygen content in regenerator flue gas 再生烟气氧含量 02.0209
oxygen content in S Zorb flue gas S Zorb 再生烟气氧含量 02.0603

P

packed extraction tower of propane deasphalting unit 丙烷脱沥青填料萃取塔 02.0702
palm oil 棕榈油 04.0015
paraffin 石蜡烃,＊链烷烃 02.0463,石蜡 02.1075
paraffin-base crude 石蜡基原油 01.0114
paraffin dehydrocyclization 链烷烃脱氢环化 02.0352
paraffin dehydroisomerization 链烷烃脱氢异构化 02.0351
parallel heat exchange 平行换热 02.0058
parallel side-by-side configuration type FCCU 同高并列式催化裂化装置 02.0144
particle size distribution pattern 粒度分布曲线 02.1335
particulate fluidized bed 散式流化床 02.0107
passivation 钝化作用 02.0150
pavement asphalt 道路石油沥青 02.1093
penetration grading 沥青针入度分级 02.0749
pentane insoluble 碳五不溶物,＊戊烷沥青质 02.1146
pentane isomerization 戊烷异构化 02.0567
percentage evaporated 蒸发百分数 02.1128
percentage loss 损失百分数 02.1129
percent by volume residue 残留百分数 02.1126
percolating refining 渗滤精制 02.0696
perfluorocarbon grease 全氟碳脂 02.1039
perfluorocarbon oil 全氟碳油 02.1038
performance number 品[度]值 02.1210
petrochemical feedstock 石油化工原料 01.0006
petrochemical unit 石油化工装置 01.0005
petrographic composition of coal [煤的]岩相组成 03.0029
petroleum additive 石油添加剂 02.0844
petroleum asphalt 石油沥青 02.1092
petroleum benzene 石油苯 02.1118
petroleum coke 石油焦 02.0435
[petroleum] coking 焦化 02.0376
petroleum ether 石油醚 02.1109
petroleum fuel 石油燃料 01.0031
petroleum jelly 蜡膏 02.0493
petroleum naphthenic acid 石油环烷酸 02.1117
petroleum products 石油产品 01.0018
petroleum refining 石油炼制 01.0001
petroleum solvent 石油溶剂 01.0032
petroleum wax 石油蜡 02.1074
phase change wax 相变储能蜡 02.1089
photoreactor 光反应器 04.0014
physical solvent removal of hydrogen sulfide 物理溶剂法脱硫化氢 02.0778
pigtail 猪尾管 02.0677
PIO 聚内烯 02.1048
pipeline blending 管道调和,＊连续调和 02.0812
pipeline mixer 管道混合器,＊管式静态混合器 02.0818
pipeline purging 扫线 01.0121
piston flow 活塞流 01.0066
pitch diameter 中径,＊有效直径 02.0098
plant auxiliary material consumption by unit 装置单位耗辅材 01.0187
plant fuel gas consumption by unit 装置单位耗燃料气 01.0190
plant fuel oil consumption by unit 装置单位耗燃料油 01.0189
plant hydrogen consumption by unit 装置单位耗氢气 01.0188
plant other fuel consumption by unit 装置单位耗其他燃料 01.0191

plant processing loss 装置加工损失率 01.0192
plant simulation model 装置模拟模型 01.0197
plant steam consumption by unit 装置单位耗蒸气 01.0186
plant utilization rate 装置开工率 01.0194
plate distillation column 板式精馏塔 02.0614
plate electrode 电极板 02.0017
plenum chamber 集气室 02.0157
plug valve of regenerator 再生塞阀 02.0207
poly-alpha olefin synthetic base oil 聚 α-烯烃合成润滑油 02.0713
poly-internal-olefin 聚内烯 02.1048
polymer grade propylene 聚合级丙烯 02.0650
polymerization diluting agent 叠合稀释剂 02.0573
polymerized gasoline 叠合汽油 02.0574
polymer modification asphalt 聚合物改性沥青 02.1095
polyphthalocyanine cobalt 聚酞菁钴 02.0766
polyurea complex grease 复合聚脲润滑脂 02.1054
polyurea grease 聚脲润滑脂 02.1056
polyurea grease production process 聚脲脂制备工艺 02.0734
pore size distribution curve 孔径分布曲线 02.1333
pore volume 孔体积，* 比孔容积 02.1334
post-finishing 后精制 02.0372
potential gum 潜在胶质 02.1195
pour point 倾点 02.1174
pour point depressant 降凝剂，* 倾点下降剂 02.0851
power steering fluid 动力转向液 02.0994
preasphaltene 前沥青烯 03.0085
preasphaltene yield 前沥青烯产率 03.0088
pre-dearsenification 预脱砷 02.0370
pre-dilution 预稀释 02.0485
pre-distillation 预分馏 02.0040
preheat temperature 预热温度 02.0224
pre-hydrotreating catalyst for hydrocracking 加氢裂化预处理催化剂 02.0894
pre-lifting zone for catalyst 催化剂预提升段 02.0149
pre-reduced catalyst 还原态催化剂 02.0911
pre-reformer 预转化反应器 02.0679
pression swing adsorption hydrogen purification process 变压吸附法制氢流程 02.0663
pressure difference of reactor and regenerator 两器差压 02.0183
pressure relief orifice 泄压孔板，* 限流孔板 02.0286
pressure relief valve 泄压阀，* 安全阀 02.0287
pressure swing adsorption process for hydrogen recovery 变压吸附氢气回收 02.0806
pressurized gasification 加压气化 04.0065
presulfidation 预硫化 02.0307
prevent noise agent 防噪声剂 02.0841
primary air 一次风 02.0196
primary processing unit 一次加工装置 01.0007
process configuration optimization 总流程优化 01.0201
process corrosion prevention 工艺防腐 02.0044
process package 工艺包 01.0222
process package fee 工艺包费 01.0223
production process of bentone grease 膨润土润滑脂制备工艺 02.0735
product blending optimization 产品调和优化 01.0205
product oil 成品油 01.0152
product optimization 产品优化 01.0203
program for crude oil processing 原油加工方案 01.0212
promoter for enhancing octane number of gasoline 催化裂化汽油辛烷值助剂 02.0936
promoter for increasing light olefins 催化裂化增产低碳烯烃助剂 02.0937
promotor for reducing sulfur in gasoline 催化裂化汽油降硫助剂 02.0938
propane deasphalting 丙烷脱沥青 02.0684
proportion of direct sold gasoline and diesel 汽柴油直销比重 01.0217
proportion of retail and distribution sales of finished oil 成品油终端销售比重 01.0218
proportion of retailed gasoline and diesel 汽柴油零售比重 01.0216
propylene-propane separation tower 丙烯-丙烷分离塔 02.0649
proton donor quality index 供氢指数 03.0084
pure oxygen resistance test of oil product 油品抗纯氧试验 02.1283
purge gas 释放气 02.0664
purification of etherification feed 醚化原料净化 02.0630
purified gas 净化气 02.0775
pyrite 黄铁矿 03.0035
pyrolysis 高温裂解，* 高温热解 01.0036
pyrolysis extraction of coal-to-liquid 煤制油热解抽提

03.0013
pyrrhotite 磁黄铁矿 03.0036

Q

quality ratio of gasoline 汽油品质比率 01.0151
quench hydrogen box 冷氢箱 02.0300
quenching oil 淬火油 02.1035
quench oil 急冷油 02.0389

R

radial temperature difference 径向温差 02.0282
radiation resistant grease 抗辐射润滑脂 02.1069
radiation section 辐射段 02.0386
raffinate oil from furfural refining 糠醛精制油 02.0704
Ramsbottom carbon residue 兰氏残炭 02.1177
rapid separation system 快速分离系统 02.0151
rare earth Y type zeolite cracking catalyst 稀土Y型沸石裂化催化剂 02.0867
ratio of acid to hydrocarbon 酸烃比 02.0552
ratio of benzene to olefin 苯烯比 02.0551
ratio of paraffin to olefin 烷烯比 02.0550
ratio of steam to oxygen 汽氧比 03.0118
re-absorber 再吸收塔 02.0255
reaction-regeneration system 反应-再生系统 02.0145
reaction terminating agent 终止剂 02.0152
reactive olefin for etherification 醚化活性烯烃 02.0631
reactivity of coal 煤的反应性，*煤的化学活性 03.0105
reactor and regenerator pressure balance 两器压力平衡 02.0226
reactor filter 反应器过滤器 02.0587
reactor grid plate 反应器分布板 02.0591
reactor pressure drop 反应器压降 02.0292
real recycle ratio 真实循环比 02.0443
reboiler 重沸器，*再沸器 02.0228
recovery from flue gas 烟气余热回收 02.0073
recrystallization deoiling 重结晶脱油 02.0508
rectisol 低温甲醇洗 03.0081
recycle bed catalyst regeneration 循环床催化剂再生 02.0194
recycle hydrogen 循环氢 02.0303
recycle ratio 回炼比，*循环比 02.0134
recycle ratio in delayed coking 焦化循环比 02.0420
recycle slide valve 循环滑阀 02.0220
recycle solvent of coal-to-liquid 煤制油循环溶剂 03.0004
red oil *红油 02.0547
reduction-absorption process for sulfur recovery 硫回收还原-吸收工艺 02.0786
reduction zone 还原区 02.0338
refinery complexity 炼油厂复杂度 01.0196
refinery complexity index 炼油厂复杂度指数 01.0185
refinery construction cost index 炼油厂建设费用指数 01.0220
refinery energy consumption quota 炼油能耗定额 01.0175
refinery gas processing 炼厂气加工 01.0016
refinery oil consumption rate 炼油厂自用率 01.0170
refinery optimization 炼油优化 01.0198
refining cash operating cost 炼油现金操作费用 01.0141
refining comprehensive commodity 石油产品商品量 01.0157
refining comprehensive commodity rate 石油综合商品率 01.0158
refining gross margin 炼油毛利 01.0140
refining-petrochemical integration 炼化一体化 01.0015
refining process 炼油工艺 01.0002
refining processing loss rate 炼油加工损失率 01.0171
refining process unit 炼油工艺装置 01.0003
refining profit per ton of processed materials 吨油利润 01.0142
refining solvent 精制用溶剂 01.0071
refining total cost 炼油完全费用 01.0139
refining type MTBE unit 炼油型甲基叔丁基醚装置 02.0642
reflectivity of coal 煤的反射率 03.0111
reformate post-hydrogenation 重整生成油后加氢 02.0364

reformed gasoline 重整汽油 02.0956
reformer 转化炉 02.0674
reformer feed pre-hydrotreating catalyst 重整原料预加氢催化剂 02.0887
reforming 重整 02.0309
reforming gas 转化气 02.0669
refrigerator oil 冷冻机油 02.1047
regenerated catalyst slide valve 再生滑阀 02.0214
regenerated FCC catalyst 再生裂化催化剂,*再生剂 02.0871
regenerated sorbent 再生吸附剂 02.0926
regeneration flue gas treatment 再生烟气处理 02.0606
regeneration for used lube oil 废润滑油再生 02.0688
regeneration temperature 再生温度 02.0208
regenerator burning oil 再生器燃烧油 02.0204
regenerator filter 再生器过滤器 02.0588
regenerator flue gas 再生烟气 02.0142
regenerator heat removal 再生器取热 02.0203
regenerator receiver 再生器接收器 02.0585
regenerator slide valve 再生器滑阀 02.0592
regenerator sparger 再生器分布管 02.0590
regular sequence solvent dewaxing process 正序脱蜡工艺 02.0529
rejuvenation 活性恢复 02.0302
relative density 相对密度 02.1212
repulping deoiling 浆化脱油 02.0513
research octane number 研究法辛烷值 02.1191
residue balance 渣油平衡 01.0050
residue cracking catalyst 重油裂化催化剂,*渣油裂化催化剂 02.0865
residue hydrodemetallization catalyst for upflow reactor 上流式渣油加氢脱金属催化剂 02.0902
residue processing 渣油加工 01.0049
residue upgrading 渣油轻质化 02.0454
resin content of crude oil 原油胶质 02.1160
resistance of brake fluid to oxidation 制动液抗氧化性 02.1298
respiration valve 呼吸阀 01.0127
revolving grate 炉篦 03.0126
rheological property of lubricating grease 润滑脂流变性能 02.1292
rich gas 富气 02.0235
rich oil 富油 02.0032
rich oxygen regeneration 富氧再生 02.0177
Ω-ring heat exchanger 奥米伽环换热器 02.0290
ring type air distributor 主风分布环 02.0162
riser catalytic cracking 提升管催化裂化 02.0080
riser regenerator 管式再生器 02.0180
road test 行车试验 02.1279
ROBO oxidation test ROBO 氧化试验 02.1266
rolling oil 轧制油 02.1026
rolling thin film oven test 旋转薄膜烘箱试验 02.1320
rotating disc contactor of propane deasphalting unit 丙烷脱沥青转盘萃取塔 02.0701
rubber extend oil 橡胶填充油 02.1025
rubber filling oil 橡胶填充油 02.1025
rust-proof oil 防锈油 02.1031

S

saccharifying agent 糖化剂 04.0025
sales profit margin 销售收入利润率 01.0215
salt content 盐含量 02.1215
salt content of crude oil 原油含盐量 02.1151
salt formation 结盐 02.0239
salt spray test 盐雾试验 02.1262
salt water immersion 盐水浸渍 02.1259
saponification number 皂化值 02.1307
saturated entrainment area 饱和夹带区 02.0117
saturated entrainment quantity 饱和夹带量 02.0118
saturates 沥青饱和分 02.0740
scale inhibitor 阻垢剂 02.0945
scale wax 脱油蜡 02.0495
scallop cylinder 扇形筒 02.0314
screw-lock ring heat exchanger 螺纹锁紧环换热器 02.0289
sealed loading arm 密闭装车鹤管 01.0060
seal swell additive 密封件膨胀剂 02.0853
secondary air 二次风 02.0173
secondary cracking 二次裂化 02.0138
secondary processing unit 二次加工装置 01.0008
second dense bed 二密相床 02.0163
second generation biodiesel 第二代生物柴油 04.0042
second phase of dewaxing 脱蜡第二液相 02.0505

selective catalytic oxidation process 选择性催化氧化硫回收工艺 02.0787
selective desulfurization 选择性脱硫 02.0781
selective hydrodesulfurization catalyst for FCC/residue FCC gasoline 催化裂化汽油选择性加氢脱硫催化剂 02.0888
selective polymerization 选择性叠合 02.0572
selectivity of FCC catalyst 催化裂化催化剂选择性 02.1329
semi-oxidized asphalt 半氧化沥青 02.0751
semi-refined paraffin wax 半精炼石蜡, * 白石蜡 02.1077
semi-regenerative catalyst 半再生催化剂 02.0227
semi-regenerative reforming 半再生式重整 02.0342
sensitive plate 灵敏塔板 02.0057
settling washing 沉降洗涤 02.0519
shape-selective zeolite 择形沸石 02.0879
shear stability 剪切安定性 02.1271
shell and tube reactor 列管式反应器 03.0063
ship-based jet fuel 舰载喷气燃料 02.0966
shot coke 弹丸焦, * 球形焦 02.0437
side-by-side reforming reactor 并列式重整反应器 02.0317
side cut tray 抽出塔盘 02.0056
side-fired reformer 侧壁烧嘴转化炉 02.0676
silica-alumina ratio 硅铝比 02.1342
silica gel grease production process 硅胶润滑脂制备工艺 02.0738
silica-sol 硅溶胶 02.0885
silicone grease 硅胶润滑脂 02.1060
siloxane oil 硅油 02.1042
silver strip corrosion 银片腐蚀 02.1180
simulated distillation by gas chromatography 模拟蒸馏 02.1130
simulated distillation of crude oil 原油模拟蒸馏 02.1165
simultaneous saccharification and fermentation 同步糖化发酵 04.0054
single point dilution 一次全稀释, * 单点稀释 02.0484
single-stage coal liquefaction process 单段液化工艺 03.0041
single-stage hydrocracking in series 一段串联加氢裂化 02.0273
single stage hydrocracking with once through 单段一次通过加氢裂化 02.0276
single stage hydrocracking with partial-recycle 部分循环加氢裂化 02.0274
single stage regeneration 单段再生 02.0172
single tower naphtha stabilization process 单塔石脑油稳定流程 02.0020
single tower process of absorption and desorption 单塔吸收-解吸流程 02.0233
single tower with low pressure stripping 单塔低压汽提 02.0797
size distribution 筛分组成 02.0096
skeletal density of FCC catalyst 催化裂化催化剂骨架密度 02.1338
slack wax 含油蜡 02.0497
slide factor 滑落系数 02.0088
slide-way oil 导轨油 02.1014
sloped pipe of regenerator 再生斜管 02.0198
sloping pipe 斜管 02.0126
slugging 腾涌, * 气节 02.0129
slurry-bed Fischer-Tropsch synthesis 浆态床费-托合成工艺 03.0048
slurrying 浆化 02.0506
smoke point 烟点, * 无烟火焰高度 02.1207
soaker 减黏反应器 02.0462
soaker type visbreaking 上流式减黏 02.0452
soap based grease 皂基润滑脂 02.1064
soap based grease production process 皂基润滑脂制备工艺 02.0728
soap content in grease 皂分 02.1287
soap-making wax 皂用蜡 02.1080
sock loading 袋式装填 02.0305
soft wax 软蜡 02.1084
solid acid alkylation 固体酸烷基化 02.0542
solid acid site 固体酸性中心 02.1343
solid fermentation 固态发酵 04.0055
solidification point of crude oil 原油凝点 02.1154
solid lubricant as additive 固体润滑添加剂 02.0857
Solomon performance assessment 所罗门绩效评价 01.0224
solubility of solvent 溶剂溶解性 02.0793
solvent deasphalted oil 溶剂脱沥青油 02.0699
solvent deasphalting process 溶剂脱沥青 02.0755
solvent deoiling 溶剂脱油 02.0479
solvent dewaxing 溶剂脱蜡 02.0478

solvent dewaxing additive 溶剂脱蜡助剂 02.0941
solvent extraction of coal 煤溶剂萃取 03.0070
solvent naphtha 溶剂油 02.1108
solvent refined neutral oil 溶剂精制中性油 02.0709
solvent refining 溶剂精制 01.0045
solvent refining additive 溶剂精制助剂 02.0940
solvent selectivity 溶剂选择性 01.0083
solvent sub-critical recovery 溶剂临界回收 02.0703
solvent-washed gum 溶剂洗胶质 02.1196
sorbent caking 吸附剂结块 02.0604
sorbent inventory 吸附剂藏量 02.0596
sorbent make-up rate 吸附剂补充速率 02.0605
sorbent storage drum filter 吸附剂储罐过滤器 02.0607
sour gas 酸性气 02.0801,含硫气体 02.0774
sour water 酸性水 02.0794
sour water from hydroprocessing unit 加氢型酸性水 02.0802
sour water from non-hydroprocessing unit 非加氢型酸性水 02.0803
sour water pretreatment 酸性水预处理 02.0795
sour water stripping process 酸性水汽提 02.0796
space time yield of hydrocarbon 烃时空收率 03.0059
space velocity 空间速度 02.0284
special base oil 专用基础油 02.0715
special wax 特种蜡,*专用蜡 02.1088
specific extraction of coal-to-liquid 煤制油特定抽提 03.0011
spectrophotometry 分光光度法 02.1213
spent catalyst distributor 待生催化剂分布器 02.0217
spent catalyst slide valve 待生滑阀 02.0213
spent FCC catalyst 待生裂化催化剂,*待生剂 02.0869
spent sorbent 待生吸附剂 02.0925
spherical reactor 球形反应器 02.0312
spindle oil 锭子油 02.1013
split olefin feed technology 多点进料 02.0545
sponge coke 海绵焦,*普通焦 02.0436
spontaneous ignition temperature 自燃点 01.0093
spot crude 原油现货 01.0128
SPR 战略石油储备 01.0137
spray deoiling 喷雾脱油 02.0476
spray moulding 喷雾成型 02.0477
stability of brake fluid at high temperature 制动液高温稳定性 02.1296
stabilized gasoline 稳定汽油 02.0253
stabilizer 稳定塔 02.0254
stacked reforming reactor 重叠式重整反应器 02.0316
stamping oil 冲压油 02.1027
standpipe of regenerator 再生立管 02.0199
standpipe transfer 立管输送 02.0125
starch-based fuel ethanol 淀粉质燃料乙醇 04.0027
starch saccharification 淀粉糖化 04.0053
static blending 静态调和 02.0820
stationary diesel engine oil 固定式柴油机油 02.1000
steam/carbon ratio 水碳比 02.0668
steam consumption by unit 单位耗蒸气 01.0178
steam cylinder oil 蒸汽气缸油 02.1023
steam for anticoking 防焦蒸气 02.0158
steam-gas ratio 水气比 03.0128
steam generator 蒸汽发生器 02.0055
steam jet pump 蒸气抽空器 02.0076
steam spalling 蒸气剥焦 02.0427
steam superheater 蒸气过热器 02.0211
steam to blow down 蒸气吹扫 02.0426
stick slip flow 黏滑流动 02.0090
stick slip property 黏滑特性 02.1299
storage loss rate 储存损耗率 01.0118
storage stability 储存安定性 02.1274
storage stability of diesel 柴油储存安定性 02.1221
storage stability of gasoline 汽油储存安定性 02.1222
straight asphalt 直馏沥青 02.0758
straight-run diesel 直馏柴油 02.0062
straight-run gasoline 直馏汽油 02.0060
straight-run kerosene 直馏煤油 02.0061
strategic petroleum reserve 战略石油储备 01.0137
stripper 汽提器 02.0244
stripping baffle 汽提挡板 02.0156
stripping gas 解析气 03.0100
strongly-acidic ion exchange resin etherification catalyst 强酸性离子交换树脂醚化催化剂 02.0633
structural group composition 结构族组成 02.1147
submerged flow tube 淹流管 02.0127
sulfided catalyst 硫化态催化剂 02.0912
sulfonated cobalt phthalocyanine 磺化酞菁钴 02.0765
sulfur balance 硫平衡 01.0074
sulfur capacity 硫容量 02.0672
sulfur content 硫含量 02.1181
sulfur content in industrial sulfur 工业硫磺硫含量

02.1182
sulfuric acid alkylation 硫酸法烷基化 02.0544
sulfur penetration 硫穿透 02.0671
sulfur recovery 硫磺回收 02.0782
sulfur tolerant shift 耐硫变换 02.0661
sulphiding agent 硫化剂 02.0944
supercritical extraction of coal-to-liquid 煤制油超临界抽提 03.0012
supercritical methanolysis 超临界甲醇醇解 04.0062
supercritical solvent deasphalting 超临界溶剂脱沥青 02.0752
supercritical solvent extraction 超临界溶剂抽提 01.0040
superficial velocity 空塔速度，*空塔气速 01.0073
sweated oil 发汗油 02.0475
sweated wax 发汗蜡 02.0474
sweating cycle 发汗周期 02.0472
sweating deoiling 发汗脱油，*石蜡发汗 02.0471
sweating tank 发汗罐 02.0539
sweetening without caustic solution 无碱液脱硫醇 02.0769
sweet sorghum 甜高粱 04.0009
swing overlap of distillation cut 侧线悬摆 01.0211
switchgrass 柳枝稷 04.0012
syngas purification 合成气净化 03.0056
synthesis gas 合成气 03.0055
synthetic crude oil 合成原油 01.0106
synthetic grease 合成润滑脂 02.1052
synthetic lubricant 合成润滑油 02.1044
synthetic natural gas 合成天然气 03.0078
synthetic oil 合成油 03.0052
synthetic wax 合成蜡 02.1086
S Zorb lean oxygen regeneration S Zorb 贫氧再生 02.0602
S Zorb lock hopper S Zorb 闭锁料斗 02.0586
S Zorb reaction-regeneration system S Zorb 反应-再生系统 02.0580
S Zorb reactor S Zorb 反应器 02.0581
S Zorb reactor receiver S Zorb 反应器接收器 02.0583
S Zorb reducer S Zorb 还原器 02.0584
S Zorb regeneration air amount S Zorb 再生空气量 02.0600
S Zorb regeneration temperature S Zorb 再生温度 02.0599
S Zorb regenerator S Zorb 再生器 02.0582
S Zorb sorbent S Zorb 吸附剂 02.0924
S Zorb spent sorbent S Zorb 待生吸附剂 02.0598
S Zorb technology S Zorb 工艺 02.0579

T

tackifier for lubricating oil 润滑油黏附剂 02.0852
tail gas 尾气 01.0085
tail hydrogen 尾氢 02.0264
tail oil 尾油 01.0030
technology of the second generation fuel-ethanol 二代燃料乙醇技术 04.0058
temperature difference between dense and dilute phase beds 稀密相温差 02.0223
temperature difference of dewaxing 脱蜡温差 02.0499
temperature of gasification agent 气化剂温度 03.0120
temperature recovered 回收温度 02.1125
temperature runaway in reaction 反应飞温 02.0267
temperature susceptibility 感温性 02.1313
tempering oil 回火油 02.1036
tensile strength of wax 蜡抗张强度 02.1300
terminal velocity 终端速度，*带出速度，*最大流化速度 02.0093
tertiary amyl methyl ether 甲基叔戊基醚 02.0625
tertiary hexyl methyl ether 甲基叔己基醚 02.0626
tetramer 四聚物 02.0576
the ratio of oxygen to coal 氧煤比 03.0094
thermal dissolution 热溶解 03.0043
thermal efficiency of heater 加热炉热效率 02.0072
thermal stability 油品热安定性，*热稳定性 02.1220
thermal stability of paraffin wax 石蜡热安定性 02.1302
thermo-collapsing 热崩 02.0114
thermo-combination 热联合 01.0043
thermostability of coal 煤的热稳定性 03.0107
thin film oven test 薄膜烘箱试验 02.1310
third-stage cyclone separator 三级旋风分离器 02.0185
three-lobed extrudate catalyst 三叶草形催化剂 02.0918
three-machine set 三机组 02.0218
three-tower distillation process 气体分馏三塔流程 02.0646

three-way converging control valve　三通合流阀　02.0247
tight line transportation　密闭输送　01.0065
titanium complex grease　复合钛基润滑脂　02.1055
top-fired reformer　顶部烧嘴转化炉　02.0675
topping　拔头,＊拔顶蒸馏　02.0041
top-reflux　顶回流　02.0234
tops　拔头馏分　02.0042
total distillate yield　总拔出率　02.0059
total glycerol　总甘油　04.0038
total hydrogen consumption　总氢耗量　02.0263
total liquid recovery　总液收率　01.0094
total loss system oil　全损耗系统油　02.0984
total sulfur content　总硫　02.1163
tractor oil　拖拉机油　02.0992
transfer line　转油线　02.0054
transmission fluid　变速箱油　02.0987
transport disengaging height　输送分离高度　02.0116
trim methanation　补充甲烷化反应　03.0142
true boiling point distillation curve　实沸点蒸馏曲线　02.1140
true boiling point distillation of crude oil　原油实沸点蒸馏,＊真沸点分析　02.1164
T-type separator　T 型快分　02.0159
tube color rating of aviation turbine fuel　喷气燃料管壁评级　02.1198
turbine oil　涡轮机油,＊透平油　02.1032
turbulent bed　湍动床　02.0109
two-phase model　两相模型　03.0123
two-stage coal liquefaction process　两段液化工艺　03.0042
two-stage coke-burning regenerator　二段烧焦再生器　02.0323
two-stage deasphalting process　二次萃取脱沥青工艺　02.0700
two-stage regeneration　两段再生　02.0182
two-stage riser fluid catalytic cracking　两段提升管催化裂化　02.0241
two-stage riser reactor　两段提升管反应器　02.0153
two-stage shift conversion　二段变换　02.0660
two-stage vacuum distillation　二级减压蒸馏　02.0069
two stroke diesel engine oil　二冲程柴油机油　02.0999
two stroke gasoline engine oil　二冲程汽油机油　02.1009

U

UHCGO　超重焦化蜡油　02.0434
ultra-heavy coking gas oil　超重焦化蜡油　02.0434
ultra stable Y type zeolite cracking catalyst　超稳 Y 型沸石裂化催化剂　02.0866
un-choking flow　非噎塞流动　02.0122
unit auxiliary material cost　单位辅材成本　01.0150
unit comprehensive energy consumption　单位综合能耗　01.0070
unit energy factor　单位能量因数　01.0069
unit fixed cost　单位固定费用　01.0145
unit fuel and power cost　单位燃动成本　01.0149
unit labor cost　单位人工成本　01.0146
unit maintenance cost　单位维修成本　01.0147
unit other fixed cost　单位其他固定成本　01.0148
unit other variable cost　单位其他变动费用　01.0144
unit variable cost　单位变动费用　01.0143
universal internal combustion engine oil　通用内燃机油　02.1006
unloading arm　卸车鹤管　01.0061
unwashed gum　未洗胶质　02.1197
upflow radial reactor　上流式径向反应器　02.0319
upflow reactor　上流式反应塔　02.0457
U pipe heavy leg　U 形管重腿　02.0170
U pipe light leg　U 形管轻腿　02.0169
urea dewaxing　尿素脱蜡　02.0516
urea solution　尿素溶液　02.0517
used lube oil purification process　废润滑油再净化　02.0689
used lube oil reprocessing　废润滑油再精制　02.0690

V

W

X

Y

Z

汉 英 索 引

A

B

C

残留百分数　percent by volume residue　02.1126
残炭　carbon residue　02.1175
草本类生物质　herbaceous biomass　04.0007
侧壁烧嘴转化炉　side-fired reformer　02.0676
＊侧线回流　circulation reflux　02.0049
侧线悬摆　swing overlap of distillation cut　01.0211
差速器齿轮油　differential gear oil　02.0990
柴汽比　diesel to gasoline ratio　01.0172
柴油　diesel　02.0968
柴油池　diesel pool　02.0972
柴油储存安定性　storage stability of diesel　02.1221
柴油机油　diesel engine oil　02.0997
柴油加氢改质催化剂　diesel hydroupgrading catalyst　02.0891
柴油加氢精制催化剂　diesel hydrotreating catalyst　02.0890
柴油临氢降凝催化剂　diesel hydrodewaxing catalyst　02.0892
柴油流动性改进剂　diesel flow improver　02.0829
柴油馏分　diesel fraction　01.0027
柴油润滑性　lubricity of diesel fuels　02.1236
柴油润滑性改进剂　diesel lubricity improver　02.0830
柴油收率　diesel yield　01.0166
柴油稳定剂　diesel stabilizing agent　02.0836
柴油液相循环加氢　diesel liquid phase recycling hydrogenation　02.0294
柴油指数　diesel index　02.1142
柴油浊点　cloud point　02.1217
＊柴油组分　diesel fraction　01.0027
产率　yield　01.0067
产率曲线　yield curve　01.0068
产率性质曲线　yield property curve　02.1141
产品调和优化　product blending optimization　01.0205
产品优化　product optimization　01.0203
长寿命润滑脂　long service-life grease　02.1062
常规法制氢流程　conventional steam reforming　02.0662
常减压蒸馏　atmospheric and vacuum distillation　02.0037
常压加热炉　atmospheric heater　02.0067
＊常压蜡油　atmospheric gas oil　02.1114
常压馏程　atmospheric distillation range　02.1119
常压气化　atmospheric pressure gasification　04.0064
常压瓦斯油　atmospheric gas oil　02.1114
＊常压渣油　atmospheric residue　02.0063
常压蒸馏　atmospheric distillation　02.0038
常压重油　atmospheric residue　02.0063
超临界甲醇醇解　supercritical methanolysis　04.0062
超临界溶剂抽提　supercritical solvent extraction　01.0040
超临界溶剂脱沥青　supercritical solvent deasphalting　02.0752
超稳 Y 型沸石裂化催化剂　ultra stable Y type zeolite cracking catalyst　02.0866
超重焦化蜡油　ultra-heavy coking gas oil, UHCGO　02.0434
超重原油　extra-heavy crude oil　01.0103
车辆齿轮油　automobile gear oil　02.0989
车辆齿轮油台架试验　automotive gear lubricants bench test　02.1278
车用柴油　vehicle diesel　02.0970
车用汽油　vehicle gasoline　02.0952
车用燃料用分散剂　vehicle fuel dispersant　02.0832
车用燃料用清净分散剂　detergent-dispersant for vehicle fuel　02.0839
车用乙醇汽油　ethanol gasoline for motor vehicles　04.0031
沉积速度　deposition velocity　02.0089
沉降洗涤　settling washing　02.0519
成品油　product oil　01.0152
成品油终端销售比重　proportion of retail and distribution sales of finished oil　01.0218
承载能力　load-carrying capacity　02.1269
澄清油　clarified oil　02.0140
齿轮油　gear oil　02.0988
＊冲洗　cold washing　02.0488
＊冲洗比　cold washing solvent-oil ratio　02.0489
冲洗油　flushing oil　03.0098
冲压油　stamping oil　02.1027

重叠式重整反应器　stacked reforming reactor　02.0316
重沸器　reboiler　02.0228
重结晶脱油　recrystallization deoiling　02.0508
重整　reforming　02.0309
重整汽油　reformed gasoline　02.0956
重整生成油后加氢　reformate post-hydrogenation　02.0364
重整原料预加氢催化剂　reformer feed pre-hydrotreating catalyst　02.0887
抽出塔盘　side cut tray　02.0056
抽提蒸馏　extractive distillation　02.0792
＊稠油　asphalt-base crude　01.0117
初馏点　initial boiling point　02.1120
初馏塔加压回收轻烃流程　light end recovery process by elevated primary distillation tower pressure　02.0021
除尘风机　catalyst fines removal blower　02.0330
除焦器　coke cutter　02.0384
＊除焦水　coke cutting water　02.0403
除焦水泵　water jet decoking pump　02.0411
除焦钻杆　drill stem　02.0409
储存安定性　storage stability　02.1274
储存损耗率　storage loss rate　01.0118
＊传热油　heat transfer oil　02.1018
船用发动机油　marine diesel engine oil　02.1049
船用燃料油　bunker fuel oil　02.1106
床层密度　bed density　02.0085
醇醚燃料　alcohol ether alternative fuel　03.0053
醇燃料机油　alcogas engine oil　02.0998
醇烯摩尔比　molar ratio of alcohol to olefin　02.0636
磁黄铁矿　pyrrhotite　03.0036
粗酚　crude phenol　03.0132
粗汽油　crude naphtha　02.0229
粗石蜡　crude scale wax　02.1079
催化重整　catalytic reforming　02.0310
催化重整闭锁料斗　lock hopper of catalytic reforming　02.0332
催化叠合　catalytic polymerization　02.0570
催化剂表观堆密度　apparent compact density of catalyst　02.1340
催化剂反硫化　catalyst devulcanization　03.0129
催化剂架桥　catalyst bridging　02.0113
催化剂兼容性发动机油　catalyst compatibility engine oil　02.1008
催化剂颗粒密度　catalyst particle density of catalyst　02.1341
催化剂连续再生　catalyst continuous regeneration　02.0340
催化剂内循环　internal catalyst recycle　02.0221
催化剂黏结剂　adhesive for catalyst　02.0883
催化剂器内预硫化　*in-situ* pre-sulfurizing of catalyst　02.0913
催化剂器外预硫化　off-site pre-sulfurizing of catalyst　02.0914
催化剂取热器　catalyst cooler　02.0192
催化剂提升器　catalyst lifting　02.0337
催化剂贴壁现象　catalyst adherent phenomena　02.0355
催化剂循环量　catalyst circulation rate　02.0171
催化剂预提升段　pre-lifting zone for catalyst　02.0149
＊催化剂再生　carbon-burning　02.0373
催化加氢　catalytic hydrogenation　02.0258
催化裂化　catalytic cracking　02.0078
催化裂化柴油　catalytic cracking diesel　02.0974
催化裂化催化剂表观松密度　apparent bulk density of FCC catalyst　02.1339
催化裂化催化剂骨架密度　skeletal density of FCC catalyst　02.1338
催化裂化催化剂活性　fluid catalytic cracking catalyst activity, FCC catalyst activity　02.1321
催化裂化催化剂活性评定　activity test of FCC catalyst　02.1322
催化裂化催化剂活性稳定性　activity stability of FCC catalyst　02.1327
催化裂化催化剂磨损指数　attrition index of FCC catalyst　02.1337
催化裂化催化剂水热稳定性　hydrothermal stability of FCC catalyst　02.1328
催化裂化催化剂污染指数　contamination index of FCC catalyst　02.1331
催化裂化催化剂小型固定流化床试验　fixed fluidized bed test of fluid catalytic cracking catalyst, FFB test of FCC catalyst　02.1323
催化裂化催化剂选择性　selectivity of FCC catalyst　02.1329
催化裂化分馏塔　fractionator of FCCU　02.0230
催化裂化分馏系统　fractionating system of FCCU　02.0231
催化裂化固钒剂　FCC vanadium trap　02.0935
催化裂化解吸塔　desorption tower　02.0240

催化裂化金属钝化剂 FCC metal passivator 02.0939
催化裂化平衡剂活性 FCC equilibrium catalyst activity 02.1326
催化裂化汽油 catalytic cracking gasoline 02.0955
催化裂化汽油降硫助剂 promotor for reducing sulfur in gasoline 02.0938
催化裂化汽油辛烷值助剂 promoter for enhancing octane number of gasoline 02.0936
催化裂化汽油选择性加氢脱硫催化剂 selective hydrodesulfurization catalyst for FCC/residue FCC gasoline 02.0888
催化裂化轻汽油醚化 fluid catalytic cracking light gasoline etherivication, FCC light gasoline etherification 02.0628
催化裂化塔底油裂化助剂 FCC bottom cracking additive 02.0934
催化裂化脱氮氧化物助剂 FCC DeNO$_x$ additive 02.0933
催化裂化脱硫氧化物助剂 FCC DeSO$_x$ additive 02.0932
催化裂化原料雾化 FCC feedstock atomizing 02.0148
催化裂化增产低碳烯烃助剂 promoter for increasing light olefins 02.0937
催化裂化装置热平衡 heat balance of FCC unit 02.0232
催化脱蜡催化剂 catalytic dewaxing catalyst 02.0717
催化脱硫 catalytic desulfurization 02.0295
催化蒸馏 catalytic distillation 02.0611
催化蒸馏动态模拟 dynamic-state simulation for catalytic distillation 02.0613
催化蒸馏塔 catalytic distillation tower 02.0612
淬火油 quenching oil 02.1035

D

大比重喷气燃料 high density jet fuel 02.0967
大呼吸损耗 working loss 01.0119
大量甲烷化反应 bulk methanation 03.0141
大修指数 overhaul maintenance index 01.0183
*带出速度 terminal velocity 02.0093
待生催化剂分布器 spent catalyst distributor 02.0217
待生滑阀 spent catalyst slide valve 02.0213
*待生剂 spent FCC catalyst 02.0869
待生裂化催化剂 spent FCC catalyst 02.0869
待生吸附剂 spent sorbent 02.0925
S Zorb 待生吸附剂 S Zorb spent sorbent 02.0598
袋式装填 sock loading 02.0305
单铂重整催化剂 mono-platinum reforming catalyst 02.0344
*单点稀释 single point dilution 02.0484
单段液化工艺 single-stage coal liquefaction process 03.0041
单段一次通过加氢裂化 single stage hydrocracking with once through 02.0276
单段再生 single stage regeneration 02.0172
单甘油酯 monoglyceride 04.0035
单塔低压汽提 single tower with low pressure stripping 02.0797
单塔回收轻烃流程 light end recovery process with compressor 02.0022
单塔石脑油稳定流程 single tower naphtha stabilization process 02.0020
单塔吸收-解吸流程 single tower process of absorption and desorption 02.0233
单位变动费用 unit variable cost 01.0143
单位辅材 auxiliary material consumption by unit 01.0179
单位辅材成本 unit auxiliary material cost 01.0150
单位固定费用 unit fixed cost 01.0145
单位耗电 electricity consumption by unit 01.0177
单位耗水 water consumption by unit 01.0176
单位耗蒸气 steam consumption by unit 01.0178
单位能量因数 unit energy factor 01.0069
单位其他变动费用 unit other variable cost 01.0144
单位其他固定成本 unit other fixed cost 01.0148
单位燃动成本 unit fuel and power cost 01.0149
单位燃料 fuel consumption by unit 01.0180
单位热输出 heat output by unit 01.0181
单位人工成本 unit labor cost 01.0146
单位维修成本 unit maintenance cost 01.0147
单位综合能耗 unit comprehensive energy consumption 01.0070
弹热值 calorific value 02.1183
弹丸焦 shot coke 02.0437
导电润滑脂 conductive grease 02.1071

导轨油　slide-way oil　02.1014
导热油　heat transfer oil　02.1018
道路石油沥青　pavement asphalt　02.1093
灯用煤油　lamp kerosene　02.0963
低铂重整催化剂　low platinum reforming catalyst　02.0347
低分气　gas from low pressure separator　02.0281
＊低硫柴油　hydrotreated diesel　02.0973
低凝原油　low-freezing crude oil　01.0104
低碳醇　lower alcohol　03.0083
＊低碳混合醇　lower alcohol　03.0083
低碳烯烃　light olefins　02.0155
低温费-托合成　low temperature F-T synthesis　03.0062
低温分离氢气回收　cryogenic process for hydrogen recovery　02.0807
低温甲醇洗　rectisol　03.0081
低温克劳斯工艺　low-temperature Claus process　02.0785
低温流动性　low temperature flowability　02.1253
低循环比操作　low recycle operation　02.0398
低噪声润滑脂　low noise grease　02.1073
滴点　dropping point　02.1214
滴熔点　drop melting point　02.1305
＊地蜡　microcrystalline wax　02.1081
第二代生物柴油　second generation biodiesel　04.0042
碘值　iodine value　02.1228
电火花油　electric spark oil　02.1029
电极板　plate electrode　02.0017
电缆沥青　cable asphalt　02.1096
电气绝缘油　electric insulating oil　02.1030
电脱盐　electrical desalting　02.0004
电脱盐罐　electric desalting tank　02.0016
电泳聚结　electrophoretic coalescence　02.0009
垫水　water bottoms　01.0123
淀粉糖化　starch saccharification　04.0053
淀粉质燃料乙醇　starch-based fuel ethanol　04.0027
叠合汽油　polymerized gasoline　02.0574
叠合稀释剂　polymerization diluting agent　02.0573
丁烷异构化　butane isomerization　02.0566
顶部烧嘴转化炉　top-fired reformer　02.0675
顶回流　top-reflux　02.0234
锭子油　spindle oil　02.1013
动力黏度　dynamic viscosity　02.1243
动力转向液　power steering fluid　02.0994
动态调和　dynamic blending　02.0819
冻裂点　freezing breaking point　02.1311
冻凝点　congealing point　02.1309
断链反应　chain breaking reaction　02.0081
煅烧石油焦　calcined coke　02.1116
锻焊结构裙座　forge welding structural skirt　02.0442
＊堆积比重　apparent bulk density　02.0084
对流段　convection section　02.0385
吨油利润　refining profit per ton of processed materials　01.0142
＊礅实密度　compress density　02.0087
钝化作用　passivation　02.0150
多点进料　split olefin feed technology　02.0545
多点稀释　multiple point dilution　02.0482
多点注汽　multipoint steam injection　02.0387
多级液压油　multi-grade hydraulic oil　02.1017
多金属重整催化剂　multi-metallic reforming catalyst　02.0346
多喷嘴对置式气化炉　gasifier with opposed multi-burners　02.0681
＊多相聚合　heterogeneous polymerization　01.0035
多效润滑脂　multi-purpose grease　02.1068
多效添加剂　multi-function additive　02.0859
多元蒸馏　distillation of multicomponent mixture　02.0616
＊多组分蒸馏　distillation of multicomponent mixture　02.0616
惰质组　inertinite　03.0032

E

恩氏黏度　Engler viscosity　02.1244
恩氏蒸馏曲线　Engler distillation curve　02.1139
二冲程柴油机油　two stroke diesel engine oil　02.0999
二冲程汽油机油　two stroke gasoline engine oil　02.1009
二次萃取脱沥青工艺　two-stage deasphalting process　02.0700
二次风　secondary air　02.0173
二次加工装置　secondary processing unit　01.0008
二次裂化　secondary cracking　02.0138
二次燃烧　after-burning　02.0174

F

费-托合成催化剂　Fischer-Tropsch synthesis catalyst　02.0930
费-托合成润滑油基础油　Fischer-Tropsch lube base oil　02.0708
分布板临界压降　distribution plate critical pressure drop　02.0115
分光光度法　spectrophotometry　02.1213
分离料斗　disengaging hopper　02.0341
分馏精度　degree of fractionation　02.0052
＊分馏特性　distillation characteristics　02.1137
分子筛　molecular sieve　02.0872
分子筛醚化催化剂　molecular sieve etherification catalyst　02.0634
分子筛脱蜡　molecular sieve dewaxing　02.0523
分子筛吸附塔　molecular sieve adsorption column　02.0560
粉尘收集器　dust collector　02.0324
弗拉斯脆点　Fraas breaking point　02.1312
辐射段　radiation section　02.0386
辅助燃烧室　auxiliary burner　02.0176
腐蚀性硫　corrosive sulfur　02.1239
＊腐蚀抑制剂　corrosion inhibitor　02.0850
复合磺酸钙基润滑脂　calcium sulfonate complex grease　02.1053
复合聚脲润滑脂　polyurea complex grease　02.1054
复合锂基脂制备工艺　complex lithium grease production process　02.0731
复合铝基润滑脂　complex aluminum grease　02.1059
复合钛基润滑脂　titanium complex grease　02.1055
复合添加剂　compound additive package　02.0858
富气　rich gas　02.0235
富氧再生　rich oxygen regeneration　02.0177
富油　rich oil　02.0032

G

改性沥青　modified asphalt　02.0742
钙基脂制备工艺　calcium based grease production process　02.0733
干点　dry point　02.1122
干气　dry gas　03.0099
干气带油　entained gasoline in dry gas　02.0238
干式减压蒸馏　dry vacuum distillation　02.0071
干式气柜密封油　dry gas-holder seal oil　02.1021
干燥基　dry basis　03.0020
干燥区　drying zone　02.0335
干燥无灰基　dry ash-free basis　03.0021
感温性　temperature susceptibility　02.1313
高低并列式催化裂化装置　high and low side-by-side type FCCU　02.0236
高-低酮稀释　high-low ketone dilution　02.0511
高堆密度重整催化剂　high bulk density reforming catalyst　02.0922
高级液化石油气　high grade liquefied pretroleum gas　02.0980
高价值产品收率　yield of high value product　01.0163
高铼铂比重整催化剂　high Re-Pt ratio reforming catalyst　02.0348
高硫焦　high sulfur content coke　02.0439
高黏度渣油　high-viscosity residue　02.0449
＊高黏度指数液压油　multi-grade hydraulic oil　02.1017
高频往复 SRV 试验　high-frequency linear-oscillation SRV test　02.1267
＊高热值　gross heat of combustion　02.1184
高速电脱盐　high speed electric desalting　02.0008
高速铁路专用乳化沥青　asphalt emulsion for high speed railway　02.1098
高温费-托合成　high temperature Fischer-Tropsch synthesis　03.0061
高温裂解　pyrolysis　01.0036
＊高温热解　pyrolysis　01.0036
高温氧化沉积物　high-temperature oxidation deposit　02.1263
高压煤浆泵　high pressure pump for coal slurry　03.0040
高压再生　high pressure regeneration　02.0178
＊庚烷沥青质　heptane insoluble　02.1145
工业齿轮油　industrial gear oil　02.0995
工业硫磺硫含量　sulfur content in industrial sulfur　02.1182
S Zorb 工艺　S Zorb technology　02.0579
工艺包　process package　01.0222
工艺包费　process package fee　01.0223
工艺防腐　process corrosion prevention　02.0044

供氢指数　proton donor quality index　03.0084
共沸蒸馏塔　azeotropic distillation column　02.0638
共聚　copolymerization　01.0037
＊共聚反应　copolymerization　01.0037
鼓泡床　bubbling bed　02.0108
鼓泡床烧焦　bubbling bed coke burning　02.0179
鼓泡脱蜡　bubbling dewaxing　02.0527
固定铵　fixed ammonium　02.0800
固定床法脱硫醇　fixed-bed sweetening　02.0771
固定床费-托合成工艺　fixed-bed Fischer-Tropsch synthesis　03.0049
固定床再生器　fix-bed regenerator　02.0320
固定床渣油加氢保护剂　guard catalyst in residue hydrodemetallization fixed bed reactor　02.0903
固定床渣油加氢脱残炭催化剂　carbon reduction catalyst in fixed bed residue hydrotreating　02.0906
固定床渣油加氢脱金属催化剂　fixed bed type residue hydrodemetallization catalyst　02.0904
固定床渣油加氢脱硫催化剂　fixed bed type residue hydrodesulfurization catalyst　02.0905
固定流化床　fixed fluidized bed　02.0135
固定式柴油机油　stationary diesel engine oil　02.1000
固定碳　fixed carbon　03.0102
固定碳含量　fixed carbon content　03.0101
固化成型　curing　04.0051
固态发酵　solid fermentation　04.0055
固体润滑添加剂　solid lubricant as additive　02.0857
固体酸烷基化　solid acid alkylation　02.0542
固体酸性中心　solid acid site　02.1343
＊关联指数　bureau of mines correlation index　02.1144
管道防腐沥青　asphalt for pipe anticorrosion　02.1099
管道混合器　pipeline mixer　02.0818
管道调和　pipeline blending　02.0812
管式减黏裂化　coil visbreaking　02.0450
＊管式静态混合器　pipeline mixer　02.0818
管式再生器　riser regenerator　02.0180
惯性分离器　inertial separator　02.0130
光反应器　photoreactor　04.0014
光亮油　bright stock　02.0710
光稳定剂　light stabilizer　02.0854
硅胶润滑脂　silicone grease　02.1060
硅胶润滑脂制备工艺　silica gel grease production process　02.0738
硅铝比　silica-alumina ratio　02.1342
硅溶胶　silica-sol　02.0885
硅油　siloxane oil　02.1042
硅藻土改性沥青　diatomite modified asphalt　02.0753
过滤器迎风面速度　filter face velocity　02.0610
过滤性　filterability　02.1252
过剩氧　excess oxygen　02.0167

H

哈氏可磨性指数　Hardgrove grindability index, HGI　02.0393
海绵焦　sponge coke　02.0436
含氟润滑剂　fluorine-containing lubricant　02.1037
含氟润滑油　fluorine-containing lubricating oil　02.0716
含硫气体　sour gas　02.0774
含氧燃料添加剂　oxygenated fuel additive component　02.0621
含油蜡　slack wax　02.0497
＊航空煤油　jet fuel　02.0964
航空汽油　aviation gasoline　02.0953
航空涡轮机油　aviation turbine lubricant　02.1033
航空洗涤汽油　aviation gasoline detergent　02.1110
航空液压油　aviation hydraulic oil　02.1016
耗风指标　air consumption　02.0166
合成蜡　synthetic wax　02.1086
合成气　synthesis gas　03.0055
合成气净化　syngas purification　03.0056
合成润滑油　synthetic lubricant　02.1044
合成润滑脂　synthetic grease　02.1052
合成天然气　synthetic natural gas　03.0078
合成油　synthetic oil　03.0052
合成原油　synthetic crude oil　01.0106
核料位计　nuclear level detector　02.0593
褐煤提质　lignite upgrading　03.0080
鹤管　loading arm　01.0120
＊红油　red oil　02.0547
后精制　post-finishing　02.0372
呼吸阀　respiration valve　01.0127
互溶点　miscibility point　02.0509
华白指数　Wobbe number　03.0136
滑落系数　slide factor　02.0088

化工轻油　chemical light oil　01.0167
化工轻油收率　chemical light feedstock yield　01.0168
化工型甲基叔丁基醚装置　chemical type MTBE unit　02.0641
化学级丙烯　chemical grade propylene　02.0651
化学精制　chemical refining　02.0697
化学氢耗量　chemical hydrogen consumption　02.0262
化学溶剂法脱硫化氢　chemical solvent removal of hydrogen sulfide　02.0777
化学吸附　chemical adsorption　01.0038
怀泽化学结构模型　Wiser chemical structure model　03.0025
S Zorb 还原器　S Zorb reducer　02.0584
还原区　reduction zone　02.0338
还原态催化剂　pre-reduced catalyst　02.0911
环己烷异构化　cyclohexane isomerization　02.0569
环境友好添加剂　environmentally friendly additive　02.0860
环烷基原油　naphthene-base crude　01.0116
环烷酸皂　naphthenic soap　02.1226
环烷烃脱氢　naphthene dehydrogenation　02.0350
环氧沥青　epoxy asphalt　02.1100
缓和加氢裂化　mild hydrocracking　02.0277
缓和加氢裂化催化剂　mild hydrocracking catalyst　02.0893
缓蚀剂　corrosion inhibitor　02.0850
换油周期　oil drain interval　02.1280
黄铁矿　pyrite　03.0035
＊黄油　lubricating grease　02.1050
磺化酞菁钴　sulfonated cobalt phthalocyanine　02.0765
灰成分分析　ash composition analysis　03.0034
灰分　ash　02.1233
灰熔点　ash fusion point　03.0095
灰锁　coal ash lock　03.0125
挥发分　volatile component　02.1227
辉光值　luminometer number　02.1203
回火油　tempering oil　02.1036
回炼比　recycle ratio　02.0134
回炼油　heavy cycle oil　02.0237
回收百分数　volume recovered　02.1127
回收温度　temperature recovered　02.1125
混合阀　mixing valve　02.0018
＊混合基原油　intermediate-base crude　01.0115
混合强度　mixing intensity　02.0012
混合溶剂萃取　mixed solvent extraction　03.0071
活塞流　piston flow　01.0066
活性白土　activated clay　02.0723
活性钝化　activity passivation　02.0308
活性恢复　rejuvenation　02.0302
活性金属组分　active metal component　02.0833
活性硫化物　active sulfide　02.0761
活性炭吸附工艺　activated carbon adsorption process　01.0051
活性支撑剂　fresh catalyst proppant　02.0908
活性中心可接近性　active site accessibility　02.1332
火炬塔架　flare support　01.0056
火炬筒体　flare stack　01.0055

J

机场跑道沥青　asphalt for airport runway　02.1101
机械脱蜡　mechanical dewaxing　02.0528
机械油　machine oil　02.0985
机械杂质　mechanical impurity　02.1134
机油消耗率　engine oil consumption rate　02.1282
基础方案　base case　01.0213
基质　matrix　02.0882
基准原油　benchmark crude　01.0129
激光粒度分析　laser particle size analysis　02.1336
级间冷却蒸气　inter-stage cooling steam　02.0222
极压剂　extreme pressure additive　02.0846
极压抗磨性　extreme pressure and anti-wear performance　02.1270
极压润滑脂　extreme pressure grease　02.1066
极压型蜗轮蜗杆油　extreme pressure worm gear oil　02.0996
急冷油　quench oil　02.0389
集合管　manifold　02.0678
集气室　plenum chamber　02.0157
己烷异构化　hexane isomerization　02.0568
剂油比　catalyst to oil ratio　02.0104
加成反应　addition reaction　01.0039
加氢补充精制　hydrofinishing　02.0722
加氢捕硅催化剂　hydro-desilicification guard catalyst

02.0909
加氢处理 hydrotreating 02.0269
加氢处理催化剂 hydrotreating catalyst 02.0916
加氢改质 hydroupgrading 02.0268
加氢精制柴油 hydrotreated diesel 02.0973
加氢裂化 hydrocracking 02.0306
加氢裂化柴油 hydrocracking diesel 02.0975
加氢裂化催化剂 hydrocracking catalyst 02.0895
加氢裂化后精制催化剂 hydrocracking post-hydrofining catalyst 02.0896
加氢裂化预处理催化剂 pre-hydrotreating catalyst for hydrocracking 02.0894
加氢汽油 hydrotreated gasoline 02.0957
加氢脱砷保护剂 hydrodearsenic agent 02.0889
加氢尾油 hydrocracked tail oil 02.1113
加氢型酸性水 sour water from hydroprocessing unit 02.0802
*加氢液化 direct coal liquefaction 03.0074
加氢异构化 hydroisomerization 02.0285
加氢异构裂化催化剂 hydroisomerization and cracking catalyst 02.0915
加氢转化 hydroconversion 02.0261
加氢作用 hydrogenation 02.0259
加权平均床层温度 weighted average bed temperature 02.0361
加权平均入口温度 weighted average inlet temperature 02.0360
加热炉清焦 heater tube decoking 02.0391
加热炉热效率 thermal efficiency of heater 02.0072
加温输送 heated transportation 01.0064
加压气化 pressurized gasification 04.0065
加油站 gasoline station 01.0226
夹带速率 entrainment rate 02.0120
夹心层脱硫器 desulfurization reactor with sandwich type catalyst 02.0673
甲醇萃取塔 methanol extraction column 02.0639
甲醇回收塔 methanol recovery column 02.0640
甲醇制丙烯 methanol to propene 03.0051
甲醇制汽油 methanol to gasoline 03.0076
甲醇制烯烃 methanol to olefin 03.0050
N-甲基吡咯烷酮 *N*-methyl-2-pyrrolidon, NMP 02.0947
甲基叔丁基醚 methyl tertiary butyl ether, MTBE 02.0622
甲基叔丁基醚裂解 MTBE cracking 02.0643
甲基叔己基醚 tertiary hexyl methyl ether 02.0626
甲基叔戊基醚 tertiary amyl methyl ether 02.0625
甲基仲丁基醚 methyl secbutyl ether 02.0623
甲烷化 methanation 02.0665
甲烷化催化剂 methanation catalyst 03.0143
减活速率 deactivation rate 02.0136
*减摩剂 friction modifier 02.0840
减黏柴油 visbroken diesel 02.0458
减黏反应器 soaker 02.0462
减黏分馏塔 visbreaking fractionator 02.0456
减黏裂化加热炉 visbreaking furnace 02.0455
减黏石脑油 visbroken naphtha 02.0459
减黏渣油 visbroken residue 02.0460
减黏重瓦斯油 visbroken heavy gas oil 02.0461
减压加热炉 vacuum heater 02.0068
减压蜡油 vacuum gas oil, VGO 02.0064
减压馏程 vacuum distillation range 02.1123
减压深拔 deep cut vacuum distillation 02.0043
*减压瓦斯油 vacuum gas oil, VGO 02.0064
减压渣油 vacuum residue 02.0066
减压蒸馏 vacuum distillation 02.0039
减震器油 automobile shock absorber oil 02.1022
剪切安定性 shear stability 02.1271
*简单蒸馏 gradual distillation 02.0047
碱处理 alkali treatment 01.0041
*碱洗 alkali treatment 01.0041
碱性氮 basic nitrogen 02.1223
碱渣 alkali waste 02.0773
碱值 base number 02.1133
间接气化 indirect gasification 04.0066
间歇加工过程 batch process 01.0017
建筑沥青 building asphalt 02.1102
舰载喷气燃料 ship-based jet fuel 02.0966
渐次冷凝 gradual condensation 02.0046
渐次汽化 gradual vaporization 02.0045
渐次蒸馏 gradual distillation 02.0047
浆化 slurrying 02.0506
浆化脱油 repulping deoiling 02.0513
浆态床费-托合成工艺 slurry-bed Fischer-Tropsch synthesis 03.0048
降凝剂 pour point depressant 02.0851
交流电脱盐 alternating current electric desalting 02.0005

交直流电脱盐　alternating and direct electrical desalting　02.0007
胶质　gum　02.1193
焦池　coke pit　02.0390
焦粉携带　carryover of coke fines　02.0392
焦化　[petroleum] coking　02.0376
焦化柴油　light coking gas oil, LCGO　02.0432
焦化分馏塔　coking fractionator　02.0381
焦化加热炉　coking heater　02.0382
焦化蜡油　heavy coking gas oil, HCGO　02.0433
焦化气体　coking gas　02.0430
焦化汽油　coking naphtha　02.0431
*焦化石脑油　coking naphtha　02.0431
焦化循环比　recycle ratio in delayed coking　02.0420
焦化循环时间　coking cycle time　02.0421
焦化循环油　coking circulating oil　02.0422
焦炉煤气　coke oven gas　03.0138
[焦]炭堆积　carbon buildup　02.0141
焦炭塔　coke drum　02.0380
焦炭塔充油高度　coke drum filling height　02.0413
焦炭塔挥发线　coke drum over-head line　02.0412
焦炭塔裙座　coke drum skirt　02.0441
焦油　coal tar　03.0130
接触精制　contact refining　02.0695
接触吸附　contact adsorption　01.0042
*结构稳定剂　grease structure modifier, grease structure improver　02.0855
结构族组成　structural group composition　02.1147
结晶-吸附工艺　crystallization-adsorption process　02.0799
结盐　salt formation　02.0239
解吸率　desorption rate　02.0029
解吸气　desorbed gas　02.0034
解吸因数　desorption factor　02.0030
*解吸因子　desorption factor　02.0030
解析气　stripping gas　03.0100
介孔材料　mesoporous materials　02.0886
金属钝化剂　metal deactivator　02.0834
*金属减活剂　metal deactivator　02.0834
进口原油到厂价　gate price of imported crude oil　01.0154
进料干燥器　feed dryer　02.0561
浸没式装车鹤管　immersion loading arm　01.0059
*精白蜡　fully refined paraffin wax　02.1076
精制用溶剂　refining solvent　01.0071
净化气　purified gas　02.0775
净热值　net heating value　02.1185
径向温差　radial temperature difference　02.0282
静态调和　static blending　02.0820
镜质组　vitrinite　03.0030
聚合级丙烯　polymer grade propylene　02.0650
聚合物改性沥青　polymer modification asphalt　02.1095
聚内烯　poly-internal-olefin, PIO　02.1048
聚脲润滑脂　polyurea grease　02.1056
聚脲脂制备工艺　polyurea grease production process　02.0734
聚酞菁钴　polyphthalocyanine cobalt　02.0766
聚α-烯烃合成润滑油　poly-alpha olefin synthetic base oil　02.0713
绝对黏度　absolute viscosity　01.0072
军舰用燃料油　navy special fuel oil　02.1107
军用柴油　military diesel　02.0971
军用喷气燃料　military jet fuel　02.0965
均一颗粒　homogeneous particle　02.0102

K

康氏残炭　Conradson carbon residue　02.1176
糠醛抽出油　extract oil from furfural refining　02.0705
糠醛精制　furfural refining　02.0686
糠醛精制抗氧缓蚀剂　antioxidant and anticorrosive agent in furfural refining　02.0942
糠醛精制溶剂回收　furfural extraction solvent recovery　02.0719
糠醛精制油　raffinate oil from furfural refining　02.0704
抗氨汽轮机油　anti-ammonia turbine oil　02.1034
抗爆剂　anti-knock additive　02.0835
抗爆指数　anti-knock index　02.1192
抗抖动耐久性能　vibration endurance performance　02.1275
抗辐射润滑脂　radiation resistant grease　02.1069
抗静电剂　antistatic additive　02.0825
*抗蜡剂　dewaxing precipitant　02.0502
抗磨剂　antiwear additive　02.0842
抗磨损性能　anti-wear performance　02.1268

抗泡剂　antifoam additive　02.0822
＊抗乳化剂　demulsifying agent, demulsifier　02.0828
抗乳化性　demulsibility　02.1245
抗氧剂　anti-oxidant　02.0823
抗早燃剂　anti pre-ignition additive　02.0837
壳质组　liptinite, exinite　03.0031
可比综合商品量　comparable comprehensive commodity 01.0159
可比综合商品率　comparable comprehensive commodity rate　01.0160
＊可燃基　dry ash-free basis　03.0021
可生物降解润滑脂　biodegradable grease　02.1061
克劳斯法硫回收工艺　Claus sulfur recovery process　02.0783
克劳斯尾气处理　Claus tail-gas treatment　02.0784
空高　drum outage　02.0445
空间速度　space velocity　02.0284
空气干燥基　air dry basis　03.0019
空气释放值　air release　02.1247
＊空塔气速　superficial velocity　01.0073
空塔速度　superficial velocity　01.0073
孔径分布曲线　pore size distribution curve　02.1333
孔体积　pore volume　02.1334
快速床　high-velocity bed　02.0110
快速床烧焦　fast bed coke burning　02.0181
快速分离系统　rapid separation system　02.0151
快速热解反应器　fast pyrolysis reactor　04.0070
宽馏分　wide cut, wide fraction　01.0025
矿物质　minerals　03.0033
扩展径　extend diameter　02.0099

L

蜡饼　wax cake　02.0467
蜡膏　petroleum jelly　02.0493
蜡过滤机　wax filter　02.0537
蜡结晶　wax crystallization　02.0465
蜡抗张强度　tensile strength of wax　02.1300
蜡裂解　wax cracking　02.0533
蜡水比　deoiled wax solution-water ratio　02.0522
蜡脱油　wax deoiling　02.0470
蜡下油　foots oil　02.0498
蜡液　wax solution　02.0494
＊蜡油馏分　vacuum gas oil, VGO　02.0064
兰氏残炭　Ramsbottom carbon residue　02.1177
冷低压分离器　low-pressure cold separator　02.0299
冷点稀释　cold point dilution　02.0483
冷冻机油　refrigerator oil　02.1047
冷反洗　cold backwashing procedure　02.0510
冷高压分离器　cold high pressure separator　02.0280
冷焦水　coke quench water　02.0394
冷焦水密闭处理技术　close-loop treatment of coke cooling water　02.0448
冷阱料　cold trap material　03.0057
冷滤点　cold filter plugging point　02.1229
冷煤气效率　cold gas efficiency　03.0122
冷氢箱　quench hydrogen box　02.0300
冷却区　cooling zone　02.0336
冷却性能　cooling performance　02.1249
冷洗　cold washing　02.0488
冷洗比　cold washing solvent-oil ratio　02.0489
冷榨蜡　cold pressed wax　02.0468
冷榨脱蜡　cold pressing dewaxing　02.0466
离线优化　offline optimization　01.0209
锂钙基润滑脂　lithium-calcium based grease　02.1057
锂基润滑脂　lithium based grease　02.1051
锂基脂制备工艺　lithium based grease production process 02.0732
立管输送　standpipe transfer　02.0125
沥青　asphalt　02.0739
沥青饱和分　saturates　02.0740
沥青表观黏度　apparent viscosity of asphalt　02.1314
沥青动力黏度　asphalt viscosity　02.1318
沥青芳香分　aromatics　02.0741
沥青改性剂　asphalt modifier　02.0863
沥青基原油　asphalt-base crude　01.0117
沥青可溶质　maltene　02.0743
沥青蜡含量　wax content of asphalt　02.1315
沥青黏度分级　viscosity grading　02.0748
沥青配伍性　asphalt compatibility　02.0745
沥青软化点　asphalt softening point　02.1316
沥青添加剂　asphalt additive　02.0862
沥青烯　asphaltene　03.0002
沥青烯产率　asphaltene yield　03.0087
沥青延度　ductility of asphalt　02.1317

沥青氧化 asphalt blowing 02.0754
沥青针入度 asphalt penetration 02.1319
沥青针入度分级 penetration grading 02.0749
沥青质 asphaltene 02.0744
粒度分布曲线 particle size distribution pattern 02.1335
连续重整再生器 continuous reforming regenerator 02.0331
*连续调和 pipeline blending 02.0812
联合循环比 combined feed ratio 02.0395
联合装置 integrated unit 01.0014
联合自热式转化技术 combined autothermal reforming technology 02.0656
炼厂气加工 refinery gas processing 01.0016
炼厂气脱硫化氢 hydrogen sulfide removal of refinery gas 02.0776
炼化一体化 refining-petrochemical integration 01.0015
炼化一体化优化 optimized refining chemical integration 01.0199
炼油厂复杂度 refinery complexity 01.0196
炼油厂复杂度指数 refinery complexity index 01.0185
炼油厂建设费用指数 refinery construction cost index 01.0220
炼油厂自用率 refinery oil consumption rate 01.0170
*炼油单位能量因数耗能 comprehensive energy consumption factors between refineries 01.0174
炼油单因耗能 comprehensive energy consumption factors between refineries 01.0174
炼油工艺 refining process 01.0002
炼油工艺装置 refining process unit 01.0003
炼油加工损失率 refining processing loss rate 01.0171
炼油毛利 refining gross margin 01.0140
炼油能耗定额 refinery energy consumption quota 01.0175
炼油完全费用 refining total cost 01.0139
炼油现金操作费用 refining cash operating cost 01.0141
炼油型甲基叔丁基醚装置 refining type MTBE unit 02.0642
炼油优化 refinery optimization 01.0198
炼油综合能耗 comprehensive energy consumption of crude oil processing 01.0173
链条油 chain oil 02.1019
*链烷烃 paraffin 02.0463
链烷烃脱氢环化 paraffin dehydrocyclization 02.0352
链烷烃脱氢异构化 paraffin dehydroisomerization 02.0351
两段提升管催化裂化 two-stage riser fluid catalytic cracking 02.0241
两段提升管反应器 two-stage riser reactor 02.0153
两段液化工艺 two-stage coal liquefaction process 03.0042
两段再生 two-stage regeneration 02.0182
两器差压 pressure difference of reactor and regenerator 02.0183
两器压力平衡 reactor and regenerator pressure balance 02.0226
两相模型 two-phase model 03.0123
料封 material seal 02.0128
料位计 level gauge indicator 02.0428
列管式反应器 shell and tube reactor 03.0063
劣质原油 inferior crude oil 01.0105
裂化 cracking 02.0077
裂化温度 cracking temperature 02.0396
裂化性能 crack ability 02.0082
裂解率 cracking rate 02.0557
临氢加工 hydroprocessing 02.0278
灵活焦化 flexicoking 02.0379
灵敏塔板 sensitive plate 02.0057
零循环比操作 zero recycle operation 02.0397
[流化]催化裂化 fluid catalytic cracking, FCC 02.0079
流化催化裂化催化剂 fluid catalytic cracking catalyst 02.0864
流化催化裂化催化剂金属污染 metal contamination of fluid catalytic cracking catalyst 02.1330
流化焦化 fluid coking 02.0378
硫穿透 sulfur penetration 02.0671
硫醇萃取 mercaptan extraction 02.0768
硫醇硫 mercaptan sulfur 02.0759
硫含量 sulfur content 02.1181
硫化剂 sulphiding agent 02.0944
硫化态催化剂 sulfided catalyst 02.0912
硫磺回收 sulfur recovery 02.0782
硫回收还原-吸收工艺 reduction-absorption process for sulfur recovery 02.0786
硫平衡 sulfur balance 01.0074
硫容量 sulfur capacity 02.0672
硫酸法烷基化 sulfuric acid alkylation 02.0544

馏程 boiling range 01.0021
馏出温度 distil-off temperature 02.1138
馏出油 distillated oil 02.0948
馏分 fraction 01.0023
馏分重叠 distillation overlap 02.0050
馏分宽度 cut range 02.0053
馏分脱空 distillation gap 02.0051
馏分油 distillate 01.0022
馏分油脱蜡 distillate dewaxing 02.0464
馏分油循环 distillate recycle 02.0399
馏分组成 fractional composition 01.0024
柳枝稷 switchgrass 04.0012
炉篦 revolving grate 03.0126
炉后混氢 mixing hydrogen with feedstock at outlet of heater 02.0271
炉后混油 mixing feedstock with hydrogen at outlet of hydrogen heater 02.0272
炉前混氢 mixing hydrogen with feedstock at inlet of heater 02.0270
炉用柴油 furnace diesel 02.0976
炉用燃料油 fuel oil for furnace 02.1105
卤化石蜡 halogenated paraffin 02.1085
路易斯酸 Lewis acid 02.1344
铝基脂制备工艺 aluminum based grease production process 02.0730
铝溶胶 alumina-sol 02.0884
氯化更新 chloridizing revivification 02.0363
氯化区 chlorination zone 02.0334
滤清器堵塞倾向试验 filter plugging tendency test 02.1273
滤液循环 filtrate recycling 02.0492
螺纹锁紧环换热器 screw-lock ring heat exchanger 02.0289

M

麻疯树 jatropha 04.0011
马达法辛烷值 motor octane number 02.1190
脉动因子 fluctuation factor 02.0106
煤的反射率 reflectivity of coal 03.0111
煤的反应性 reactivity of coal 03.0105
*煤的化学活性 reactivity of coal 03.0105
煤的挥发分 fugitive constituent of coal 03.0110
煤的机械强度 mechanical strength of coal 03.0106
*煤的焦化 coal carbonization 03.0073
煤的结渣特性 ash slagging property 03.0068
煤的结渣性 coal clinkering property 03.0117
煤的解聚 coal depolymerization 03.0045
煤的内在水分 inherent moisture of coal 03.0109
煤的黏结性 caking property of coal 03.0112
煤的热稳定性 thermostability of coal 03.0107
煤的外在水分 free moisture of coal 03.0108
[煤的]岩相组成 petrographic composition of coal 03.0029
煤干馏 coal carbonization 03.0073
煤化工 coal to chemical technology 03.0079
煤灰黏温特性 coal ash viscosity-temperature property 03.0067
煤灰熔融性 coal ash fusibility 03.0066
*煤级 coal rank 03.0027
煤加氢液化催化剂 coal hydroliquefaction catalyst 02.0928
煤间接液化 indirect coal liquefaction 03.0075
煤浆 coal slurry 03.0006
煤浆黏度 coal slurry viscosity 03.0069
煤浆浓度 concentration of coal slurry 03.0007
煤焦油 coal tar 03.0060
煤焦油加氢 hydrogenation of coal tar 03.0096
煤阶 coal rank 03.0027
煤气 coal gas 03.0103
煤气产率 gas yield 03.0116
煤气的[弹]热值 calorific value of coal gas 03.0104
煤气化 coal gasification 03.0054
煤气水 gas liquor 03.0131
煤溶剂萃取 solvent extraction of coal 03.0070
煤溶胀 coal swelling 03.0026
煤锁 coal lock 03.0124
煤炭灰分 ash content of coal 03.0016
煤炭挥发分 volatile matter content of coal 03.0017
煤炭水分 moisture content of coal 03.0015
煤岩分析 microlithotype analysis 03.0028
煤液化效率 efficiency of coal liquefaction 03.0072
煤油 kerosene 02.0962
煤-油共处理 coal and oil co-processing 03.0001

*煤-油共炼 coal and oil co-processing 03.0001
煤油燃烧性 burning quality of kerosene 02.1206
煤油收率 kerosene yield 01.0165
煤直接液化 direct coal liquefaction 03.0074
煤制低碳醇 coal to lower alcohol 03.0092
煤制天然气 coal to natural gas 03.0077
煤制油 coal-to-liquid 03.0064
煤制油超临界抽提 supercritical extraction of coal-to-liquid 03.0012
煤制油加氢抽提 hydrogenation-extraction of coal-to-liquid 03.0014
煤制油普通抽提 ordinary extraction of coal-to-liquid 03.0010
煤制油起始溶剂 initial solvent of coal-to-liquid 03.0003
煤制油热解抽提 pyrolysis extraction of coal-to-liquid 03.0013
煤制油特定抽提 specific extraction of coal-to-liquid 03.0011
煤制油循环溶剂 recycle solvent of coal-to-liquid 03.0004
煤制油助剂 coal-to-oil promoter 02.0929
煤转化率 coal conversion rate 03.0005
酶催化醇解 enzymatic alcoholysis 04.0063
美国石油学会润滑油基础油分类 American Petroleum Institute classification of base oils 02.0707
醚化 etherification 02.0620
醚化催化剂 etherification catalyst 02.0632
醚化催化剂毒物 etherification catalyst contaminant 02.0635
醚化活性烯烃 reactive olefin for etherification 02.0631
醚化预反应器 etherification pre-reactor 02.0637
醚化原料 etherification feed 02.0629
醚化原料净化 purification of etherification feed 02.0630
密闭输送 tight line transportation 01.0065
密闭装车鹤管 sealed loading arm 01.0060
密度 density 02.1211
密封件膨胀剂 seal swell additive 02.0853
密温系数 density temperature coefficient 02.1285
密相气力输送 dense phase pneumatic conveying 02.0111
密相装填 dense loading 02.0304
模拟蒸馏 simulated distillation by gas chromatography 02.1130
模值 mole value 03.0134
膜分离工艺 membrane separation process 01.0053
膜分离氢气回收 membrane separation process for hydrogen recovery 02.0805
摩擦改进剂 friction modifier 02.0840
摩托车油 motor cycle oil 02.1010
木本类生物质 woody biomass 04.0006
木薯 cassava 04.0010
木质素 lignin 04.0020
钼灰 Mo ash 03.0037

N

耐硫变换 sulfur tolerant shift 02.0661
耐油密封润滑脂 oil resistant sealing grease 02.1063
萘系烃含量 naphthalene hydrocarbon content 02.1204
内燃机油 internal combustion engine oil 02.1005
内燃机油复合剂 internal combustion engine oil additive package 02.0861
能量密度指数 energy density index 01.0075
能[量]平衡 energy balance 01.0076
能源植物 energy plant 04.0004
能源转化效率 energy conversion efficiency 03.0093
黏度曲线 viscosity curve 01.0077
黏度指数 viscosity index 02.1241
黏度指数改进剂 viscosity index improver, VII 02.0848
黏滑流动 stick slip flow 02.0090
黏滑特性 stick slip property 02.1299
黏温系数 viscosity temperature coefficient 02.1284
黏重常数 viscosity-gravity constant 02.1143
尿素溶液 urea solution 02.0517
尿素脱蜡 urea dewaxing 02.0516
凝缩油 condensed oil 02.0242
*凝析汽油 condensed oil 02.0242
凝析油 condensate oil 01.0098
农用柴油 agricultural diesel 02.0977
农用柴油机油 agricultural diesel engine oil 02.1007
暖塔 drum warm-up 02.0400

O

偶极聚结　dipole coalescence　02.0010

P

排放氢　discharging hydrogen　02.0265
泡沫高度　foam height　02.0401
喷气燃料　jet fuel　02.0964
喷气燃料防冰剂含量　deicing agent content of jet fuel　02.1209
喷气燃料管壁评级　tube color rating of aviation turbine fuel　02.1198
喷气燃料加氢精制催化剂　hydrorefining catalyst for jet fuel　02.0921
喷气燃料抗磨指数　anti-wear index of jet fuel　02.1235
喷气燃料磨痕直径　wear scar diameter of jet fuel　02.1232
喷雾成型　spray moulding　02.0477
喷雾脱油　spray deoiling　02.0476
膨润土润滑脂　bentonite grease　02.1058
膨润土润滑脂制备工艺　production process of bentone grease　02.0735
膨胀比　expansion ratio　02.0105
膨胀节　expansion joint　02.0184
贫氧再生　lean oxygen regeneration　02.0225
S Zorb 贫氧再生　S Zorb lean oxygen regeneration　02.0602
贫油　lean oil　02.0033
品[度]值　performance number　02.1210
平衡裂化催化剂　equilibrium FCC catalyst　02.0870
平行换热　parallel heat exchange　02.0058
破乳剂　demulsifying agent, demulsifier　02.0828
*葡萄糖淀粉酶　glucoamylase　04.0024
普通柴油　general diesel　02.0969
*普通焦　sponge coke　02.0436

Q

气固相对速度　gas-solid relative velocity　02.0100
气化段　flash zone　02.0048
气化反应温度　gasification temperature　03.0119
气化剂温度　temperature of gasification agent　03.0120
气化段　flash zone　02.0048
气化炉　gasifier　02.0680
气化能力　gasification capacity　03.0114
气化强度　intensity of gasification　03.0113
气化效率　gasification efficiency　03.0115
*气节　slugging　02.0129
气泡相　bubble phase　02.0094
气体分馏　vapor fractionation　02.0644
气体分馏热泵工艺　heat pump technology for vapor fractionation　02.0645
气体分馏三塔流程　three-tower distillation process　02.0646
气体分馏四塔流程　four-tower distillation process　02.0647
气体分馏五塔流程　five-tower distillation process　02.0648
*气体精馏　vapop fractionation　02.0644
气体燃料发动机油　gas fuel engine oil　02.1001
*气相负荷　vapor load　01.0092
气液比　gas-liquid ratio　03.0039
气液分配器　gas-liquid distributor　02.0291
气液聚结器　gas-liquid coalescer　02.0288
气油比　gas to oil ratio　02.0357
气制油　gas-to-liquid　03.0065
汽柴油零售比重　proportion of retailed gasoline and diesel　01.0216
汽柴油直销比重　proportion of direct sold gasoline and diesel　01.0217
汽车用液化石油气　liquefied pretroleum gas engine fuel　02.0979

汽提挡板　stripping baffle　02.0156
汽提段藏量　catalyst inventory of stripping section　02.0215
汽提器　stripper　02.0244
汽氧比　ratio of steam to oxygen　03.0118
汽油　gasoline　02.0951
E10 汽油　E10 ethanol gasoline　04.0032
汽油苯含量　benzene content in gasoline　02.1234
汽油池　gasoline pool　02.0954
汽油抽余油调和组分　gasoline raffinate oil of blending component　02.0960
汽油储存安定性　storage stability of gasoline　02.1222
汽油芳烃调和组分　gasoline aromatic blending component　02.0961
汽油含氧化合物　oxygen compounds in gasoline　02.1230
汽油机油　gasoline engine oil　02.1004
汽油牌号　gasoline grade　01.0079
汽油品质比率　quality ratio of gasoline　01.0151
汽油清净性　detergency performance of gasoline　02.1237
汽油收率　gasoline yield　01.0164
汽油脱臭　gasoline sweetening　02.0245
汽油在线调和　online gasoline blending　02.0813
汽油蒸气压　gasoline vapor pressure　02.1216
器内预硫化催化剂　*in-situ* presulfidation catalyst　02.0297
器外预硫化催化剂　*ex-situ* presulfidation catalyst　02.0296
前沥青烯　preasphaltene　03.0085
前沥青烯产率　preasphaltene yield　03.0088
潜在胶质　potential gum　02.1195
强酸性离子交换树脂醚化催化剂　strongly-acidic ion exchange resin etherification catalyst　02.0633
桥键　bridge bond　03.0018
切焦　coke cutting　02.0402
切焦喷嘴　coke cutting nozzle　02.0404
切焦水　coke cutting water　02.0403
切削油液　cutting oil-liquid　02.1028
氢分压　hydrogen partial pressure　02.0266
氢氟酸法烷基化　hydrofluoric acid alkylation　02.0548
氢解反应　hydrogenolysis　02.0354
氢利用率　hydrogen utilization　03.0046
氢平衡　hydrogen balance　01.0081
氢气提浓　hydrogen purification　02.0804
氢气脱氯罐　chloride absorber for hydrogen　02.0325
氢气循环压缩机　hydrogen recycle compressor　02.0327
氢气增压机　hydrogen booster compressor　02.0326
氢碳比　hydrogen to carbon ratio　03.0133
氢烃比　hydrogen to hydrocarbon ratio　02.0356
*氢油比　hydrogen to hydrocarbon ratio　02.0356
氢转移反应　hydrogen transfer reaction　02.0132
轻柴油　light diesel oil　02.0246
轻度热裂化　mild thermal cracking　02.0453
轻关键组分　light key component　02.0618
轻烃回收　light hydrocarbon recovery　02.0019
轻烃裂解料　light hydrocarbon for pyrolysis　02.0981
轻脱沥青油　light deasphalted oil　02.0534
轻质油　light oil　01.0161
轻质油收率　light oil yield　01.0162
轻质原料制氢　hydrogen production with light hydrocarbons as feedstook　02.0654
倾点　pour point　02.1174
*倾点下降剂　pour point depressant　02.0851
清洁燃料　clean fuel　01.0020
清净性　detergency　02.1256
清晰分割　clean cut separation　02.0617
*球形度　form factor　02.0091
球形反应器　spherical reactor　02.0312
*球形焦　shot coke　02.0437
曲轴箱模拟试验　crankcase simulation test　02.1264
全氟碳油　perfluorocarbon oil　02.1038
全氟碳脂　perfluorocarbon grease　02.1039
全精炼石蜡　fully refined paraffin wax　02.1076
全氯型重整催化剂　chlorine-promoted reforming catalyst　02.0923
全损耗系统油　total loss system oil　02.0984
全循环加氢裂化　full-recycle hydrocracking　02.0275

R

燃点　fire point　02.1173
燃料化工型炼油厂　fuel-chemicals type refinery

01.0010
燃料焦　fuel grade coke　02.0440
燃料润滑油化工型炼油厂　fuel-lube and chemicals type refinery　01.0011
燃料润滑油型炼油厂　fuel-lube type refinery　01.0012
燃料油　fuel oil　02.1104
燃料油牌号　fuel oil grade　01.0080
燃料油收率　fuel oil yield　01.0169
燃料油型炼油厂　fuel type refinery　01.0013
燃烧势　combustion potential　03.0137
燃油税　fuel oil tax　01.0225
燃油消耗率　fuel consumption rate　02.1281
热崩　thermo-collapsing　02.0114
热壁反应器　hot wall reactor　02.0311
＊热负荷指数　Wobbe number　03.0136
热高压分离器　hot high pressure separator　02.0279
热管试验　hot tube test　02.1265
热阱料　hot trap material　03.0058
热联合　thermo-combination　01.0043
热溶解　thermal dissolution　03.0043
＊热稳定性　thermal stability　02.1220
热值　heat value　01.0082
容水性　water tolerance　02.1255
溶剂精制　solvent refining　01.0045
溶剂精制中性油　solvent refined neutral oil　02.0709
溶剂精制助剂　solvent refining additive　02.0940
溶剂精制助溶剂　cosolvent in solvent refining　02.0946
溶剂临界回收　solvent sub-critical recovery　02.0703
溶剂溶解性　solubility of solvent　02.0793
溶剂脱蜡　solvent dewaxing　02.0478
溶剂脱蜡助剂　solvent dewaxing additive　02.0941
溶剂脱沥青　solvent deasphalting process　02.0755
溶剂脱沥青油　solvent deasphalted oil　02.0699
溶剂脱油　solvent deoiling　02.0479
溶剂洗胶质　solvent-washed gum　02.1196
溶剂选择性　solvent selectivity　01.0083
溶剂油　solvent naphtha　02.1108
乳化层　emulsion layer　02.0014
乳化脱油　emulsion deoiling　02.0526
乳化相　emulsion phase　02.0095
＊乳化液　emulsion　02.0015
乳状液　emulsion　02.0015
软蜡　soft wax　02.1084
润滑油　lubricating oil　02.0982
润滑油补充精制催化剂　lube hydrofinishing catalyst　02.0899
润滑油非理想组分　nonideal component of lube oil　02.0712
润滑油分散剂　lubricating oil dispersant　02.0845
润滑油基础油　lube base oil　02.0698
润滑油加氢处理　lube oil hydrotreating　02.0682
润滑油加氢处理催化剂　lube hydrotreating catalyst　02.0897
＊润滑油加氢改质　lube oil hydroupgrading　02.0682
润滑油老化特性　lube aging characteristic　02.1257
润滑油理想组分　ideal component of lube oil　02.0711
润滑油临氢异构降凝催化剂　lube hydro-isomerization hydrodewaxing catalyst　02.0898
润滑油馏分　lube oil fraction　01.0028
润滑油黏附剂　tackifier for lubricating oil　02.0852
润滑油调和　lube oil blending　02.0814
润滑油异构脱蜡　lube oil hydroisodewaxing process　02.0683
润滑脂　lubricating grease　02.1050
润滑脂稠化剂　grease thickener　02.0856
润滑脂低温性能　low-temperature property of lubricating grease　02.1291
润滑脂分油性　oil separation from lubricating grease　02.1286
润滑脂化学安定性　chemical stability of lubricating grease　02.1290
润滑脂机械安定性　mechanical stability of lubricating grease　02.1288
润滑脂胶体安定性　colloid stability of lubricating grease　02.1289
润滑脂结构改进剂　grease structure modifier, grease structure improver　02.0855
润滑脂抗水淋性　water washout characteristics of lubricating grease　02.1294
润滑脂流变性能　rheological property of lubricating grease　02.1292
润滑脂强度极限　breakdown point of lubricating grease　02.1293

S

三机组　three-machine set　02.0218
三级旋风分离器　third-stage cyclone separator　02.0185
三塔回收轻烃流程　light end recovery process with three-tower　02.0024
三通合流阀　three-way converging control valve　02.0247
三叶草形催化剂　three-lobed extrudate catalyst　02.0918
散式流化床　particulate fluidized bed　02.0107
扫线　pipeline purging　01.0121
＊刹车油　automobile brake fluid　02.1045
筛分组成　size distribution　02.0096
筛汽比　molecular sieve-steam ratio　02.0525
筛油比　molecular sieve-oil ratio　02.0524
闪点　flash point　02.1172
＊闪蒸段　flash zone　02.0048
扇形筒　scallop cylinder　02.0314
上流式反应塔　upflow reactor　02.0457
上流式减黏　soaker type visbreaking　02.0452
上流式径向反应器　upflow radial reactor　02.0319
上流式渣油加氢脱金属催化剂　residue hydrodemetallization catalyst for upflow reactor　02.0902
烧焦　coke burning　01.0044
烧焦罐　coke burning drum　02.0186
烧焦强度　coke burning intensity　02.0188
烧焦区　coke burning zone　02.0333
烧焦速率　coke burning rate　02.0187
烧炭　carbon-burning　02.0373
少环长侧链芳烃　mono cyclic and bicyclic alicyclic aromatics with long paraffine chains　02.0725
少环长侧链环烷烃　mono cyclic and bicyclic alicyclic hydrocarbons having long side chains　02.0724
深冷工艺　cryogenic process　01.0052
＊深冷氢气回收　cryogenic process for hydrogen recovery　02.0807
渗滤精制　percolating refining　02.0696
升温脱油　warm-up deoiling　02.0507
生焦　green coke　02.1115
生焦高度　coke fill height　02.0444
生焦因子　coke factor　02.0248
生焦周期　coking cycle　02.0383
生命周期　life cycle　04.0046
生命周期评价　life cycle assessment　04.0047
生物柴油　biodiesel　04.0034
BD100 生物柴油　BD100 biodiesel blend stock　04.0039
B5 生物柴油混合燃料　B5 biodiesel fuel blend　04.0040
B20 生物柴油混合燃料　B20 biodiesel fuel blend　04.0041
生物丁醇　biobutanol　04.0033
生物炼油厂　biorefinery　04.0021
生物喷气燃料　bio-jet fuel　04.0044
生物[燃]气　biogas　04.0022
生物液体燃料　liquid biofuel　04.0003
生物油　bio-oil　04.0043
生物质　biomass　04.0001
生物质合成油　biomass synthetic oil　04.0045
生物质快速热解　fast pyrolysis of biomass　04.0069
生物质能　biomass energy　04.0002
湿式减压蒸馏　wet vacuum distillation　02.0070
十六烷值　cetane number　02.1186
十六烷值改进剂　cetane number improver, cetane number booster　02.0826
十六烷指数　cetane index　02.1187
石蜡　paraffin　02.1075
石蜡成型　wax moulding　02.0532
＊石蜡发汗　sweating deoiling　02.0471
石蜡发汗装置　wax sweater　02.0538
石蜡分级过程　wax fractionation process　02.0514
石蜡光安定性　light stability of paraffin wax　02.1303
石蜡基原油　paraffin-base crude　01.0114
石蜡加氢精制催化剂　wax hydrofining catalyst　02.0901
＊石蜡结晶改良剂　dewaxing filter aid　02.0500
石蜡精制　wax refining　02.0531
石蜡热安定性　thermal stability of paraffin wax　02.1302
石蜡熔点　melting point of petroleum wax　02.1304
石蜡烃　paraffin　02.0463
石脑油　naphtha　02.1112
石脑油汞含量　mercury in naphtha　02.1231
石脑油馏分　naphtha fraction　01.0026
石油苯　petroleum benzene　02.1118

石油产品　petroleum products　01.0018
石油产品商品量　refining comprehensive commodity 01.0157
石油化工原料　petrochemical feedstock　01.0006
石油化工装置　petrochemical unit　01.0005
石油环烷酸　petroleum naphthenic acid　02.1117
石油焦　petroleum coke　02.0435
石油蜡　petroleum wax　02.1074
石油蜡含油量　oil content of petroleum wax　02.1301
石油沥青　petroleum asphalt　02.1092
石油炼制　petroleum refining　01.0001
石油醚　petroleum ether　02.1109
石油期货　oil futures　01.0133
石油燃料　petroleum fuel　01.0031
石油溶剂　petroleum solvent　01.0032
石油特别收益金　extra income levy on oil　01.0221
石油添加剂　petroleum additive　02.0844
石油综合商品率　refining comprehensive commodity rate 01.0158
实沸点蒸馏曲线　true boiling point distillation curve 02.1140
实际胶质　existent gum　02.1194
食品机械润滑脂　food machinery grease　02.1072
食品级工业润滑油　food grade industrial lubricating oil 02.0983
食品级石蜡　food grade paraffin wax　02.1078
食品级微晶蜡　food grade microcrystalline wax　02.1082
事故蒸气　accident steam　02.0189
释放气　purge gas　02.0664
收到基　as received basis　03.0022
＊收率　yield　01.0067
输送分离高度　transport disengaging height　02.0116
＊树薯　cassava　04.0010
双功能催化剂　bifunctional catalyst　02.0927
双金属重整催化剂　bi-metallic reforming catalyst 02.0345
双面辐射加热炉　double-fired heater　02.0406
双塔回收轻烃流程　light end recovery process with twin-tower　02.0023
双提升管反应器　dual-riser reactor　02.0154
水反应分离程度评级　water reaction separation rating 02.1200
水反应界面状况评级　water reaction interface condition rating　02.1199
水反应体积变化　water reaction volume change　02.1201
水分　water content　02.1171
水分离指数　water separation characteristics　02.1202
水封阀组　water sealed valve train　01.0057
水封罐　water sealing tank　01.0124
水工沥青　hydraulic work asphalt　02.1103
水合氧化铁　hydrous iron oxide　03.0038
水解安定性　hydrolytic stability　02.1238
水冷　water quenching　02.0414
水力除焦　hydraulic decoking　02.0415
水氯平衡　water-chlorine equilibrium　02.0362
水煤浆　coal water slurry　03.0097
水煤气　water gas　03.0140
水气比　steam-gas ratio　03.0128
水热老化失活处理　hydrothermal deactivation　02.1324
水热气化　hydrothermal gasification　04.0067
水热稳定性　hydrothermal stability　02.0137
水热液化　hydrothermal liquefaction　04.0068
水溶性酸及碱　water soluble acids and alkalis　02.1170
水生生物质　aquatic biomass　04.0008
水碳比　steam/carbon ratio　02.0668
水涡轮　water driven turbine　02.0410
水蒸气转化法制氢　hydrogen production by steam reforming　02.0652
水置换性　water displacement property　02.1260
丝光沸石　mordenite　02.0880
四机组　four-machine set　02.0219
四级旋风分离器　fourth stage cyclone　02.0164
四聚物　tetramer　02.0576
四塔回收轻烃流程　light end recovery process with four-tower　02.0025
四通阀　four-way switch valve　02.0446
四叶草形催化剂　four-lobed extrudate catalyst　02.0919
松动气　loosen air　02.0083
酸耗　acid consumption　02.0546
酸化油　acid oil　04.0016
＊酸碱处理　acid-alkali washing　01.0048
＊酸碱精制　acid-alkali washing　01.0048
酸碱洗涤　acid-alkali washing　01.0048
酸溶性油　acid solution oil　02.0547
酸烃比　ratio of acid to hydrocarbon　02.0552
酸性气　sour gas　02.0801
酸性水　sour water　02.0794
酸性水汽提　sour water stripping process　02.0796

酸性水预处理　sour water pretreatment　02.0795
酸性组分　acid component　01.0084
酸渣沥青　acid-sludge asphalt　02.0746
损失百分数　percentage loss　02.1129
所罗门绩效评价　Solomon performance assessment　01.0224

T

塔底回流　bottom pump around　02.0250
塔切换　drum switching　02.0416
炭差　delta coke　02.0216
碳六异构化率　C_6 isomerization rate　02.0556
碳六异构化选择性　C_6 isomerization selectivity　02.0555
碳七不溶物　heptane insoluble　02.1145
碳氢比　carbon hydrogen ratio　02.1168
碳生物循环　biological carbon cycle　04.0050
碳四馏分　C_4 fraction　02.0251
碳五不溶物　pentane insoluble　02.1146
碳五异构化率　C_5 isomerization rate　02.0554
碳循环　carbon cycle　04.0049
碳一化学　C_1 chemistry　03.0082
碳正离子　carbocation　02.0131
碳转化率　carbon conversion　02.0666, 03.0121
糖化剂　saccharifying agent　04.0025
糖化酶　glucoamylase　04.0024
套管结晶器　double-pipe crystallizer　02.0536
特性因数 K　characterization factor K　02.1169
特种蜡　special wax　02.1088
腾涌　slugging　02.0129
提升风机　lift gas blower　02.0329
提升管催化裂化　riser catalytic cracking　02.0080
体相催化剂　bulk catalyst　02.0920
天然气　natural gas　01.0095
天然气液　natural gas liquid　01.0099
甜高粱　sweet sorghum　04.0009
调和　blending　02.0808
调和规则模型　blending rule model　02.0821
调和配伍性　compatibility　01.0078
调和平均粒径　harmonic average particle diameter　02.0097
调和油品　blended oil　02.0810
调和组分　blending component　02.0809
铁路内燃机车柴油机油　locomotive diesel engine oil　02.1002
铁谱分析　ferrographic analysis　02.1272
烃基润滑脂制备工艺　hydrocarbon-based grease production process　02.0736
烃时空收率　space time yield of hydrocarbon　03.0059
停工除焦　off-stream decoking　02.0417
通用基础油　general base oil　02.0714
通用内燃机油　universal internal combustion engine oil　02.1006
同步糖化发酵　simultaneous saccharification and fermentation　04.0054
同高并列式催化裂化装置　parallel side-by-side configuration type FCCU　02.0144
同轴式催化裂化装置　coaxial fluid catalytic cracking unit, coaxial FCCU　02.0143
同轴式烧焦罐　coaxial fluidized bed combustor　02.0190
铜片腐蚀　copper strip corrosion　02.1179
酮苯脱蜡　ketone-benzol dewaxing　02.0685
酮苯脱蜡缓蚀剂　corrosion inhibitor in ketone-benzol dewaxing　02.0943
酮苯脱油　ketone-benzol deoiling　02.0480
酮比　ketone-aromatics ratio　02.0481
筒式多段激冷反应器　drum type reactor with multistages chilling　02.0578
* 透平油　turbine oil　02.1032
湍动床　turbulent bed　02.0109
湍动床烧焦　coke burning in turbulent bed　02.0191
拖拉机油　tractor oil　02.0992
脱氮　denitrogenation　01.0046
脱丁烷塔　debutanizer　02.0328
脱芳油　de-aromatized solvent　02.1111
脱附　desorption　01.0047
脱钙剂　decalcification agent　02.0011
脱过热段　deoverheating section　02.0252
脱甲基　demethylation　02.0369
脱蜡沉淀剂　dewaxing precipitant　02.0502
脱蜡第二液相　second phase of dewaxing　02.0505
脱蜡滤液　dewaxed filtrate　02.0491
脱蜡溶剂　dewaxing solvent　02.0512
脱蜡溶剂比　dewaxing solvent-oil ratio　02.0486
脱蜡溶剂干法回收　dewaxing solvent dehydration

W

X

吸附剂藏量 sorbent inventory 02.0596
吸附剂储罐过滤器 sorbent storage drum filter 02.0607
吸附剂结块 sorbent caking 02.0604
吸附剂硫差 delta sulfur on sorbent 02.0597
吸附精制 adsorption refining 02.0694
吸附脱硫 adsorption desulfurization 02.0601
吸附脱硫汽油 adsorption desulfurized gasoline 02.0959
吸收剂 absorbent 01.0088
吸收剂油气分离工艺 absorption process with solvent 01.0054
吸收-解吸双塔流程 absorption and desorption dual-tower process 02.0249
吸收-解吸塔 absorption-desorption tower 02.0031
吸收能力 absorptive capacity 01.0089
＊吸收容量 absorptive capacity 01.0089
吸收稳定 absorption and stabilization 02.0418
吸收稳定系统 absorption-stabilization system 02.0147
希尔施物理结构模型 Hirsch physical structure model 03.0024
析气性 degassing of insulating oil 02.1248
烯烃转化率 olefin conversion rate 02.0577
稀密相温差 temperature difference between dense and dilute phase beds 02.0223
稀释比 dilution solvent-oil ratio 02.0487
稀释沥青 cutback asphalt 02.0747
稀土Y型沸石裂化催化剂 rare earth Y type zeolite cracking catalyst 02.0867
稀相气力输送 dilute phase pneumatic transport 02.0112
洗涤段 washing zone, washing section 02.0419
洗油比 washing solvent-feedstock ratio 02.0520
系统循环油 oil for circulating system 02.1020
下流式径向反应器 downflow radial reactor 02.0318
先进生物燃料 advanced biofuel 04.0048
纤维素 cellulose 04.0018
纤维素燃料乙醇 cellulose fuel ethanol 04.0028
舷外发动机油 outboard engine oil 02.1011
线性调和 linear blending 02.0816
限滑差速器油 limited slip differential gear oil 02.0991
＊限流孔板 pressure relief orifice 02.0286
相对密度 relative density 02.1212
相关指数 bureau of mines correlation index 02.1144
相变储能蜡 phase change wax 02.1089
橡胶填充油 rubber extend oil, rubber filling oil 02.1025
消泡性 defoaming ability 02.1246
销售收入利润率 sales profit margin 01.0215
小呼吸损耗 breathing loss 01.0122
＊小桐子 jatropha 04.0011
斜管 sloping pipe 02.0126
泄压阀 pressure relief valve 02.0287
泄压孔板 pressure relief orifice 02.0286
卸车鹤管 unloading arm 01.0061
辛烷值 octane number 02.1188
辛烷值分布 octane distribution 02.1189
辛烷值敏感度 octane sensitivity 02.0564
行车试验 road test, fleet testing 02.1279
U形管轻腿 U pipe light leg 02.0169
U形管重腿 U pipe heavy leg 02.0170
J形斜管 J type sloped pipe 02.0168
形状因子 form factor 02.0091
A型沸石 A-type zeolite 02.0874
X型沸石 X-type zeolite 02.0875
Y型沸石 Y-type zeolite 02.0876
ZSM-5型沸石 ZSM-5 type zeolite 02.0878
T型快分 T-type separator 02.0159
＊溴价 bromine number 02.1224
溴值 bromine number 02.1224
溴指数 bromine index 02.1225
絮凝点 flock point 02.1295
＊[旋风分离器]当量直径 critical particle size for cyclone 02.0119
[旋风分离器]临界粒径 critical particle size for cyclone 02.0119
旋风式薄膜蒸发器 cyclonic film evaporator 02.0693
旋流快分 vortex separation system 02.0160
旋转薄膜烘箱试验 rolling thin film oven test 02.1320
选择性催化氧化硫回收工艺 selective catalytic oxidation process 02.0787
选择性叠合 selective polymerization 02.0572
选择性脱硫 selective desulfurization 02.0781
循环泵 circulating pump 03.0090
＊循环比 recycle ratio 02.0134
循环床催化剂再生 recycle bed catalyst regeneration 02.0194
循环发汗 cycle sweating 02.0473
循环滑阀 recycle slide valve 02.0220
循环回流 circulation reflux 02.0049

循环氢 recycle hydrogen 02.0303
循环再生重整 cyclic-regenerative reforming 02.0343

Y

压紧密度 compress density 02.0087
压缩机油 compressor oil 02.1046
压缩天然气 compressed natural gas 01.0096
＊压榨蜡 cold pressed wax 02.0468
＊压榨脱蜡 cold pressing dewaxing 02.0466
压榨油 filter pressed oil 02.0469
烟[气轮]机 flue gas expander 02.0195
烟点 smoke point 02.1207
烟风比 flue gas/air ratio 02.0165
烟气露点 dew point of flue gas 02.0074
烟气露点腐蚀 flue gas dew point corrosion 02.0075
烟气余热回收 recovery from flue gas 02.0073
淹流管 submerged flow tube 02.0127
延迟减黏裂化 delayed visbreaking 02.0451
延迟焦化 delayed coking 02.0377
研究法辛烷值 research octane number 02.1191
盐含量 salt content 02.1215
盐水浸渍 salt water immersion 02.1259
盐雾试验 salt spray test 02.1262
＊颜色稳定剂 light stabilizer 02.0854
氧化安定性 oxidation stability 02.1219
＊氧化硫转移剂 FCC De-SO_x additive 02.0932
氧化锰法脱硫 manganese oxide desulfurization 02.0658
ROBO 氧化试验 ROBO oxidation test 02.1266
氧化态催化剂 oxidation state catalyst 02.0910
氧化锌法脱硫 zinc oxide desulfurization 02.0657
＊氧化抑制剂 antioxidation additive 02.0823
氧煤比 the ratio of oxygen to coal 03.0094
噎噻点 choking point 02.0124
噎噻流动 choking flow 02.0121
噎噻速度 choking velocity 02.0123
液泛点 flooding point 01.0090
＊液泛极限 flooding point 01.0090
液化残渣 liquefaction residue 03.0009
液化粗油 liquefaction crude oil 03.0008
＊液化气 liquefied petroleum gas, LPG 02.0978
液化气球罐 liquefied petroleum gas spherical tank 01.0126
液化石油气 liquefied petroleum gas, LPG 02.0978
液化天然气 liquefied natural gas 01.0097
液力传动油 hydraulic transmission fluid 02.0993
液硫成型 liquid sulfur molding 02.0789
液硫脱气 liquid sulfur degassing 02.0788
液气比 liquid-gas ratio 02.0027
液时体积空速 liquid hourly space velocity 02.0298
液体石蜡 liquid paraffin 02.1083
液体酸烷基化 liquid acid alkylation 02.0541
液相加氢 liquid phase hydroprocessing 02.0260
液相脱氮工艺 liquid phase denitrification technology 02.0720
液压油 hydraulic oil 02.1015
液压油抗磨性试验 hydraulic oil anti-wear test 02.1277
液-液法脱硫醇 liquid-liquid sweetening 02.0770
一般性维修指数 general maintenance index 01.0182
一次风 primary air 02.0196
一次加工装置 primary processing unit 01.0007
一次全稀释 single point dilution 02.0484
一段串联加氢裂化 single-stage hydrocracking in series 02.0273
一段烧焦再生器 one-stage coke-burning regenerator 02.0322
＊一碳化学 C_1 chemistry 03.0082
一氧化碳变换 carbon monoxide shift conversion 02.0659
一氧化碳锅炉 carbon monoxide boiler 02.0197
＊一氧化碳燃烧助剂 CO combustion promoter 02.0931
一氧化碳助燃剂 CO combustion promoter 02.0931
移动床 moving-bed reactor 02.0301
移动床再生器 moving-bed regenerator 02.0321
乙醇脱水 ethanol dehydration 04.0057
乙醇蒸馏 ethanol distillation 04.0056
乙基叔丁基醚 ethyl tert-butyl ether 02.0624
乙烯齐聚法 ethylene oligomerization process 02.0737
异丙醇尿素脱蜡 isopropanol-urea dewaxing 02.0518
异构化 isomerization 02.0553
异构化汽油 isomerization gasoline 02.0563
异构脱蜡催化剂 isodewaxing catalyst 02.0718
异戊烷油 isopentane gasoline 02.0565

易炭化物　carbonizable substance　02.1306
银片腐蚀　silver strip corrosion　02.1180
优化方案　optimization program　01.0214
油产率　oil yield　03.0086
油浆　oil slurry　02.0139
油库　oil depot　01.0063
油库年周转次数　annual turnover of oil depot　01.0219
油煤浆　coal-oil slurry　03.0091
油品分类　oil classification　02.0950
油品改质　oil product upgrading　01.0033
油品精制　oil product refining　01.0034
油品抗纯氧试验　pure oxygen resistance test of oil product　02.1283
油品热安定性　thermal stability　02.1220
油品酸度　oil product acidity　02.1131
油品酸值　oil product acid number　02.1132
油品调和　oil blending　02.0811
油品稳定　oil stabilization　01.0086
油水比　dewaxed oil solution-water ratio　02.0521
油吸收分离法　oil absorption separation method　02.0026
油性剂　oiliness additive　02.0847
游离甘油　free glycerol　04.0037
有井架除焦　hydraulic decoking with derrick　02.0407
*有效直径　pitch diameter　02.0098
诱导期　induction period　02.1218
预分馏　pre-distillation　02.0040
预碱洗　caustic prewashing　02.0767
预硫化　presulfidation　02.0307
预热温度　preheat temperature　02.0224
预脱砷　pre-dearsenification　02.0370
预稀释　pre-dilution　02.0485
预转化反应器　pre-reformer　02.0679
*原焦　green coke　02.1115
原料气比重　feed gas specific gravity　03.0135
原料雾化喷嘴　feedstock atomizing nozzle　02.0243
原料油优化　feedstock optimization　01.0202
原料蒸煮　material cooking　04.0052
原油　crude oil　01.0100
原油保本价　break-even price of the crude oil　01.0200
原油残炭　carbon residue of crude oil　02.1158
原油储罐　crude oil tank　01.0125
原油恩氏蒸馏　Engler distillation of crude oil　02.1166
原油分类　classification of crude oil　01.0113
原油分离　crude separation　01.0110
原油分子蒸馏　molecular distillation of crude oil　02.1167
原油含蜡量　wax content of crude oil　02.1152
原油含水量　water content of crude oil　02.1150
原油含盐量　salt content of crude oil　02.1151
原油灰分　ash content of crude oil　02.1159
原油加工方案　program for crude oil processing　01.0212
原油加工流程　crude processing scheme　01.0004
原油胶质　resin content of crude oil　02.1160
原油净回值定价　net back pricing of crude oil　01.0153
原油沥青质　asphaltene content of crude oil　02.1161
原油密度　crude oil density　02.1153
原油模拟蒸馏　simulated distillation of crude oil　02.1165
原油黏度　crude oil viscosity　02.1155
原油凝点　solidification point of crude oil　02.1154
原油配置　crude supply allocation　01.0111
原油评价　crude evaluation, evaluation of crude oil　01.0108
原油破乳　crude demulsification　02.0003
原油期货　crude oil futures　01.0134
原油切割　crude cut　01.0210
原油乳化　crude emulsification　01.0112
原油闪点　flash point of crude oil　02.1156
原油商业储备　commercial crude reserve　01.0138
原油实沸点蒸馏　true boiling point distillation of crude oil　02.1164
原油酸值　acid number of crude oil　02.1157
原油调和优化　optimization of crude oil blending　01.0204
原油脱钙　crude oil decalcification　02.0002
原油脱盐脱水　crude oil desalting and dewatering　02.0001
原油现货　spot crude　01.0128
原油一般性质　general propertiy of crude oil　01.0107
原油一次加工能力　capacity of crude oil distillation　01.0155
原油元素分析　elementary analysis of crude oil　02.1162
原油蒸馏　crude distillation　02.0036
原油综合加工能力　crude processing capacity　01.0156
原油组成　crude composition　01.0109
圆柱条形催化剂　cylindrical extrudate catalyst　02.0917

Z

装置加工损失率　plant processing loss　01.0192
装置进料约束　feed quality constraint of unit　01.0207
装置开工率　plant utilization rate　01.0194
装置模拟模型　plant simulation model　01.0197
装置综合能耗　comprehensive energy consumption of plant　01.0193
锥入度　cone penetration　02.1308
自动抽桶投料　drum decanting　02.0727
自动罐式调和　automatic tank blending　02.0815
自动卸盖机　automatic unheading system　02.0429
自燃点　spontaneous ignition temperature　01.0093
自由基碎片　free radical fragment　03.0044
自由基终止剂　free radical terminator　02.0831
棕榈油　palm oil　04.0015
总拔出率　total distillate yield　02.0059
总甘油　total glycerol　04.0038
*总工艺加工流程　crude processing scheme　01.0004
总流程优化　process configuration optimization　01.0201
总硫　total sulfur content　02.1163
总氢耗量　total hydrogen consumption　02.0263
总热值　gross heat of combustion　02.1184
*总酸值　oil product acid number　02.1132
总液收率　total liquid recovery　01.0094
阻垢剂　scale inhibitor, fouling inhibitor　02.0945
阻火通气罩　flame arrester with vent hood　01.0062
阻焦阀　block coke valve　02.0447
*阻力油　damping oil　02.1043
阻尼润滑脂　damping grease　02.1070
阻尼油　damping oil　02.1043
组合床式重整　combined fix-bed reforming process　02.0366
组合工艺　combined process　01.0009
*最大流化速度　terminal velocity　02.0093
*最低热值　net heating value　02.1185
最小流化速度　minimum fluid speed　02.0086
最小液气比　minimum liquid-gas ratio　02.0028

(TQ-1258.31)

定价：**128.00**元